AF326111

NOUVEAU RÉGIME

POUR

LES HARAS.

PACE ET BELLO AQUE UTILE EQUUS

NOUVEAU RÉGIME
POUR
LES HARAS,
OU
EXPOSÉ des moyens propres à propager & à améliorer les Races de Chevaux;

AVEC la Notice de tous les Ouvrages écrits ou traduits en françois, relatifs à cet objet,

Par ESPRIT-PAUL DE LAFONT-POULOTI.

Non quærens quod mihi utile, sed quod multis.
I Cor. 10.

L'objet que je me propose n'est pas mon avantage particulier, mais le bien général.

A TURIN,
Et se trouve à Paris,

Chez la Veuve VALAT-LA-CHAPELLE, Libraire, Grand'Salle du Palais.

M. DCC. LXXXVII.

A MONSIEUR,

Monsieur ARMAND-JULES-FRANÇOIS DUC DE POLIGNAC, Marquis de Mancini, Brigadier des Armées du Roi, premier Écuyer en survivance de la Reine, Directeur-Général des Haras, & Directeur-Général des Postes aux Chevaux, Relais & Messageries de France, &c. &c.

MONSIEUR LE DUC,

*U*N *Ouvrage qui a pour but la multi-plication & la perfection de l'animal le* plus utile & le plus précieux, ne pouvoit paroître sous des auspices plus favorables que sous celles d'un Ministre auquel le Monarque a confié le soin de rendre à la France une branche importante de son agriculture & de son commerce. Le Traité à la tête duquel vous me permettez de mettre votre nom, ne peut qu'y gagner infiniment, muni d'une telle approbation, & n'eût-il d'autres avantages que ceux de retracer quelques vérités, de rappeler quelques sources oubliées, je me croirai bien récompensé s'il peut coopérer à l'opération importante dont vous daignez vous occuper pour le rétablissement de nos Haras, & s'il peut me procurer l'occasion de vous donner des preuves du respect, de l'attachement & de la reconnoissanc avec lesquels j'ai l'honneur d'être,

MONSIEUR LE DUC,

Votre très-humble & très-obéissant Serviteur,
Le C.er De Lafont-Pouloti.

PLAN
ET DIVISION
DE L'OUVRAGE.

J'AI vu le dépériffement de nos *haras*, l'inefficacité des moyens pris jufqu'à ce jour pour les relever ; j'ai cru en entrevoir quelques-uns propres à les rétablir, & j'ai publié cet ouvrage. Tout citoyen doit à fa patrie le tribut de fes travaux, & ne fût-il que médiocre, il n'en eft pas moins eftimable d'avoir cherché à bien faire. Je prie donc le lecteur d'examiner, fans prévention, & avec un efprit attentif & impartial, le plan que je propofe ; & s'il peut en faire naître un meilleur, plus certain, plus actif, & moins difpendieux encore, pour multiplier l'efpèce & la maintenir dans le plus haut degré de perfection poſſible, j'aurai obtenu la récompenſe que je deſire.

J'ai diviſé mon ouvrage en quatre parties : après avoir montré dans la première, que notre climat & notre ſol ont toutes les qualités convenables à la production & l'éducation des meilleures eſpèces de chevaux, & que la France peut & doit non-ſeulement ſe paſſer de ſes voiſins, & ſe ſuffire à elle - même pour cette branche de commerce, mais encore en faire un objet d'exportation très - avantageux pour elle, je décris les vices du régime actuel de nos haras, & je propoſe d'y en ſubſtituer un, que j'oſe regarder comme le plus applicable aux circonſtances préſentes, & le plus propre à concilier les vues du gouvernement avec l'intérêt des particuliers. Cette première partie eſt terminée par le choix du lieu le plus convenable à un haras, la diviſion & la diſtribution du terrein, l'énumération des plantes qui doivent former les pâturages & les prairies, & un apperçu des frais que l'établiſſement d'un haras fixe occafionneroit, & des produits qui en réfulteroient.

Dans la feconde partie, j'indique les races dans lefquelles feules doivent être choifis les étalons en France, & les jumens qui font à préférer pour être poulinières. Des obfervations fuivies pendant plufieurs années, des expériences réitérées, une étude réfléchie des différentes efpèces de chevaux, qu'un goût décidé pour ces animaux, fecondé par des circonftances particulières, m'a mis à portée de faire, me font croire que j'offre des détails neufs, & qui ont échappé à tous mes prédécefleurs; je donne enfuite la méthode à fuivre pour bien choifir un cheval, méthode que je n'ai garde d'annoncer comme infaillible, mais que je confeille comme celle dont je me fuis toujours fervi avec fuccès, & en attendant qu'on en faffe connoître une meilleure.

La troifième partie renferme tout ce qui eft relatif à la manutention des haras; tels que les foins que l'étalon & la jument exi-

gent; les règles à obferver dans les alliances; l'âge auquel on doit faire faillir; le
temps où il faut réformer les étalons &
les jumens; les foins qu'on doit aux poulains depuis leur naiffance jufqu'au moment où ils font livrés au fervice de
l'homme, &c. &c. Cette troifième partie
contient des obfervations & des détails,
qu'on ne trouve dans aucun écrivain, &
l'enfemble de mon ouvrage forme le traité
le plus étendu qui ait encore paru jufqu'à
préfent en France fur les haras.

Enfin, la quatrième & dernière partie, eft confacrée à la notice chronologique de tous les ouvrages écrits ou traduits en françois, relatifs à cette partie.
Cette notice manquoit à la bibliographie
vétérinaire; & je crois qu'on me faura
gré d'offrir, fous un point de vue rapproché, le tableau des opinions différentes de ceux qui ont couru cette carrière,
& qu'on ne me fera pas l'injuftice de
foupçonner que l'idée de diminuer leur
réputation a pu me guider dans l'analyfe

de leurs ouvrages. Je n'offre mes réflexions, que comme propres à diſſiper
les erreurs que j'ai cru y appercevoir.
J'ai eu ſoin, pour les diſtinguer du texte,
de les renfermer entre des parenthèſes :
telle eſt la diviſion de mon ouvrage; la
table des matières, qui ſuit, ſervira davantage à le développer.

TABLE
DES MATIÈRES.

PREMIERE PARTIE.

INTRODUCTION.

CHAPITRE PREMIER.

La France peut donner des chevaux semblables aux meilleurs d'Europe, & pour toutes sortes d'usages. Pag. 1

CHAPITRE II.

Première section. *Inconvéniens des gardes étalons, & de la rétribution du saut; avantages d'avoir des étalons qui fassent le service gratuitement.* 11

Seconde Section. *Qualités recherchées dans les étalons & dans les jumens.* 20

Troisième Section. *Nécessité de ne pas viser à trop d'économie dans l'achat des étalons destinés à faire souche.* 26

TABLE DES MATIERES. xv

Quatrième Section. *Les étalons & les jumens doivent être parfaitement assortis, ainsi qu'à la nature du climat, sans quoi on peut augmenter le nombre des individus, mais jamais les perfectionner.* Pag. 27

Cinquième Section. *Choix des Inspecteurs.* 28

Sixième Section. *Précautions & observations indispensables pour le placement des étalons.* 30

CHAPITRE III.

Septième Section. *De la prohibition de tout cheval entier & âne dans les pâturages où sont les jumens.* 33

Huitième Section. *Prix & gratification à accorder aux nourriciers de jumens poulinières & de beaux poulains.* 34

Neuvième Section. *Création de foires, où ne seront admis que les chevaux d'élite, issus & élevés dans le royaume.* 36

CHAPITRE IV.

Dixième Section. *De la nécessité d'établir des haras fixes, pour avoir des chevaux de sang, c'est-à-dire, de race pure du côté paternel & maternel.* 38

Onzième Section. *Choix du terrein pour un haras.*

fa divifion, fa diftribution, & plantes qui doivent compofer les prairies. Pag. 40

Douzième Section. *Importance de marquer les poulains qui proviendront des haras de chaque canton.* 50

Treizième Section. *Courfes de chevaux & de chars effentielles & même indifpenfables pour la propagation de chevaux de felle, & de ceux de trait d'un ordre fupérieur.* 51

CHAPITRE V.

Frais & dépenfes qu'occafionneroit le nouveau régime, & moyens de s'en procurer les fonds d'une manière avantageufe pour l'état & pour les particuliers. 61

SECONDE PARTIE.

Elite des étalons & des jumens.

CHAPITRE PREMIER.

Section première *Chevaux arabes.* 76
—— feconde. *Chevaux perfans.* 78
—— troifième. *Chevaux tartares.* 79
—— quatrième. *Chevaux turcs.* 81
—— cinquième. *Chevaux barbes.* 82

TABLE DES MATIERES.   *xvij*

Section sixième. *Chevaux espagnols.*   Pag. 85

————— septième. *Chevaux napolitains.*   88

————— huitième. *Chevaux polésinés.*   89

————— neuvième. *Chevaux cottentins.*   *Ibid*

————— dixième. *Exclusion des chevaux du nord.*
                                            90

————— onzième. *Motifs qui doivent également faire rejetter les étalons anglois.*   91

Section douzième. *Choix des jumens.*   94

CHAPITRE II.

Méthode de bien choisir un cheval, en le considérant dans son ensemble, dans le repos, & en l'examinant dans la totalité & dans la généralité de ses mouvemens.   96

TROISIÈME PARTIE.

Manutention des haras.

CHAPITRE PREMIER.

Première Section. *Attentions qu'on doit apporter dans l'assortiment des individus.*   120

Deuxième Section. *Assortiment des poils.*   124

C H A P I T R E   I I.

Troisième Section *De l'âge auquel on doit faire étalonner ; réforme des étalons & des jumens.* Pag. 125

Quatrième Section. *Observation relative au pouvoir prolifique des étalons, & à l'infécondité des cavales.* 129

C H A P I T R E   I I I.

Cinquième Section. *Exercice de l'étalon, son régime avant, pendant & après la monte.* 131

Sixième Section. *Epoques de la chaleur des jumens, signes qui l'annoncent, sa durée.* 133

Septième Section. *La monte ; la monte en liberté ; ses inconvéniens ; temps qui lui est le plus propice ; signes qui annoncent que la jument a été fécondée.* 139

C H A P I T R E   I V.

Huitième Section. *Soins dus aux cavales qui sont pleines ; durée de la gestation ; accouchement ; précautions & remèdes qu'on doit employer pour l'accouchement laborieux ; celui qui est contre nature, ou hors de terme.* 144

CHAPITRE V.

Neuvième Section. *Précautions qu'exige le poulain depuis le moment de sa naissance jusqu'à celui du sevrage ; ménagemens qu'il faut avoir pour la mère.* Pag. 151

Le sevrage. 153

CHAPITRE VI.

Dixième Section. *Le régime du poulain, depuis son sevrage jusqu'à sa deuxième année.* 155

Onzième Section. *Education du poulain, les troisième & quatrième années.* 158

De la castration, *& raisons qui doivent la faire prohiber.* 160

Douzième Section. *Du feu, & des motifs qui doivent le faire donner aux jambes ; moyens qu'on peut y substituer ; temps où l'on doit couper la queue aux poulains qu'on destine pour la chasse.* 167

Temps de mettre le cheval au verd. 169

QUATRIEME PARTIE.

Notice de tous les ouvrages écrits ou traduits en françois, relatifs aux haras, par ordre chronologique.

Auteurs Grecs.

Aristote , traduct. de M. le Camus. 1783. Pag. 171

*Les agriculteurs grecs , traduction
    d'Antoine Pierre.*   1550.   177

Apsirte.   178

*Les vétérinaires grecs , traduction
    de J. Jourdain.*   1647.   179

Anatolius.   180

Aphrodiseus.   Ibid.

Hippocrate.   Ibid.

Hiéroclès.   181

Apsirte.   Ibid.

Théomneste.   Ibid.

Auteurs Latins.

*Les agriculteurs latins , traduction
    de M. Saboureux de la Bon-
    netrie.*   1771.   182

Varron.   183

Columelle, *traduction de C. Cottereau.* 1555. Pag. 187

Pallade, *traduct. de J. d'Arcès.* 1554. 189

Virgile, *traduction de M. de Lille.* 1780. 191

Pline, *traduction de Poinsinet de Sivri.* 1771. 194

De Glanville, *traduction de Corbichon.* sans date. 198

De Crescens. 1486. 200

L. Rasé. 1533. 202

Auteurs Italiens, François, Anglois, Allemands, &c.

A. Gallo, *traduction de Belle-Forest.* 1571. 204

C. Estienne & J. Liebault. 1574. 208

De Serres. 1600. 211

H. de Francini Ruini. 1607. 213

J. Tacquet. 1614. 217

Mémoires pour l'établissement des haras en France. 1639. 219

De la Noue. 1643. 221

De Newcastle. 1658. 222

De Solleysel. 1664. 228

xxij   TABLE DES MATIERES.

Querbrat Calloët.	1666.	Pag. 230
Markam, traduction de Foubert.	1666.	236
S. Winter.	1672.	238
L'Escuyer François.	1682.	242
L. Liger, Maison rustique.	1700.	Ibid.
—— Connoissance des chevaux.	1712.	245
—— Nouv. théâtre d'agriculture.	1713.	246
—— Diction. du bon ménager.	1715.	247
Réglement des haras.	1717.	248
A. Guerini.	1724.	248
De la Guerinière.	1736.	255
De Garsault.	1741.	258
De la Chenaie des Bois, dictionnaire d'agriculture.	1751.	261
De Buffon.	1752.	262
Chentner, extrait de M. Vitet.	1754.	264
L'Encyclopédie.	1755.	267
De Saunier.	1756.	271
Bartlet, traduction de Dupuy d'Emportes.	1757.	273
Alletz, l'Agronome.	1760.	275
Hall, traduction de Dupuy d'Emportes.	1761.	277

Dictionnaire domestique portatif.	1762. Pag.	279
De Chalette, médecine des chevaux.	1763.	280
Dictionnaire des arts & métiers.	1766.	281
Mémoire sur les haras de Normandie.	1766.	283
Mémoire de la société d'agriculture de Rouen.	1767.	287
Chomel, édition de De Lamarre.	1767.	288
De Brezé.	1769.	290
Mémoire sur les haras de Franche-Comté.	1770.	294
Le Boucher du Crosco.	1770.	296
Buc'hoz, dictionnaire vétérinaire.	1770.	298
Projet pour rétablir les chevaux en France.	1771.	301
Vitet.	1771.	306
De Rosset.	1774.	307
De Bomare.	1775.	310
Puech.	1775.	311
La Fosse, dictionnaire d'hippiatrique.	1775.	313
Robinet, dictionnaire d'hippiatrique.	1777.	316
Buc'hoz, traité du bétail.	1778.	317

De Rosnay Lagny. 1778. Pag. 318

Observation sur les haras de France. 1779. 321

Brugnone, extrait de M. Huzard. 1781. 324

L'Encyclopédie méthodique. 1782. 329

Thorel, dictionnaire d'agriculture. 1783. 331

Bourgelat, manuscrit. 335

Indication de quelques autres ouvrages dont je n'ai pas donné la notice.

Conclusion.

Fin de la table des matières.

ERRATA.

Page 16, *ligne* 8, *sa disposition*, *lisez* la disposition.

Idem, *lig.* 14, & durée, *lis.* & leur durée.

Pag. 76, *lig.* 4, après le mot Polésinés, *ajoutez*, les Cottentins.

Pag. 102, *lig.* 15, *supprimez* même.

Pag. 129, *lig.* 3, après observation, quantité, *lis.* qualité.

Pag. 180, *lig.* 22 & 23, réduit en en forme, *lis.* réduit en forme.

Idem, *lig.* 25, avec l'huile, *lis.* avec huile.

Idem, *lig.* 27, oit pleine, *lis.* soit pleine.

Pag. 189, *lig.* 18, Annilianus, *lis.* Æmilianus.

Pag. 192, *vers* 10me, se gonfler, *lis.* s'enfler.

DE

DE LA PROPAGATION

ET DE L'AMÉLIORATION

DES RACES DE CHEVAUX.

PREMIÈRE PARTIE.

INTRODUCTION.

CHAPITRE PREMIER.

IL n'eſt point de François qui ne voie avec douleur ſortir annuellement du royaume des ſommes immenſes pour tirer de l'Angleterre des chevaux de chaſſe & de ſelle; du Danemarck & de la Hollande, des chevaux de carroſſe, & remonter notre cavalerie dans les haras de nos voiſins.

A

Si les qualités productives des chevaux fins &
légers, de ceux propres à la cavalerie & au tirage,
ne pouvoient se trouver que hors de la France, il
ne nous resteroit qu'à gémir sur l'ingratitude de
notre climat; mais si la nature n'a rien accordé à
cet égard à nos voisins qu'elle ne nous ait donné
à nous-mêmes avec profusion; si nous pouvons
aspirer à avoir d'aussi beaux chevaux, si nous pouvons même aller plus loin qu'eux dans cette carrière; pourquoi tarder d'entrer en lice ? pourquoi
au lieu d'acheter des chevaux chez l'étranger, ne
tenterions-nous pas non-seulement de nous en
passer, mais même encore de lui en vendre à notre
tour ?

Il est certain & généralement reconnu que le
climat est, pour les animaux, la cause fondamentale, physique & universelle de leur forme & de
leur naturel; or, celui de la France étant plus
tempéré, moins humide & moins rempli de brouil-
lards que celui du Danemarck, de la Hollande, de
l'Angleterre, &c. les paturages y étant aussi sains
& aussi abondans, il est beaucoup plus favorable à
la production des chevaux fins, & à la propagation de l'espèce en général. Aussi n'est-ce qu'en
multipliant les soins, en forçant, pour ainsi dire, la
nature à plier sous le joug d'une activité constamment soutenue & toujours réfléchie, que les

Anglois confervent dans toute leur perfection leurs chevaux iffus d'une race étrangère.

Les plus beaux & les meilleurs chevaux du monde font fans contredit les arabes. Malgré la différence extrême du climat de l'Angleterre avec celui de l'Arabie, les Anglois formèrent le projet de tranfplanter chez eux la race des chevaux Arabes. Il provint de l'union de ces chevaux avec des jumens choifies de leur île , des productions de la plus grande beauté. Elles fe font multipliées fans dégénérer, par l'attention exacte que l'on a eue à fuivre la race des pouliches nées d'arabes, & par le moyen des procédés qu'ils emploient dans les accouplemens (1).

---

(1) Beaucoup de perfonnes foutiennent que les chevaux anglois, dits de *race*, font ceux qui proviennent en ligne directe d'étalons & de jumens arabes. Mais a-t-on réfléchi à la promptitude & à la rapidité des dégénérations dans les productions nées de mâles & de femelles d'un même pays, tranfplantées & accouplées dans un climat nouveau ; ce qui caufe la néceffité de croifer les races ? C'eft au contraire en éloignant le même fang, en évitant de le rejoindre, c'eft en faifant couvrir des jumens étrangères ou des jumens choifies du pays par des étalons arabes, que les Anglois font parvenus à affurer & perpétuer l'exiftence de tous leurs chevaux de prix.

Nous pourrions mieux qu'eux approcher de la perfection en ce genre , & nous cesserions de répandre inutilement de l'or à pleines mains, si nous voulions donner une attention continuelle à cet objet ; & loin d'abandonner à l'ignorance & à l'avidité des tiges d'un prix inestimable , ne les perdre jamais de vue, en suivre exactement les races même dans les dégénérations, pour étudier la nature & en saisir la marche ; comme eux établir des courses & donner des prix ; car la France est de toute l'Europe la région la plus propre à l'éducation des chevaux. Il est peu de provinces dans ce superbe empire, où l'on ne puisse établir avec succès des haras , dont les productions ne le céderoient en rien aux races si célèbres aujourd'hui ; & peut-être même en résulteroit-il une nouvelle espèce qui réuniroit en elle les qualités utiles & brillantes éparses dans les autres. Les provinces méridionales sont celles où l'on a le plus négligé la propagation des chevaux, & celle où l'on pourroit en élever une très-grande quantité. Le climat & le terrein approchent de celui de l'Afrique & de l'Espagne. Les Romains avoient établi des haras sur les bords du Rhône , & faisoient le plus grand cas de ces chevaux ; ils s'en servoient dans les combats, & les estimoient autant que ceux de Numidie ; ils réunissoient la force à la légèreté.

[5]

Sans remonter au temps où Jules César conquit les Gaules, & où l'espèce de ces animaux y passoit pour la meilleure de toute l'Europe, on peut se rappeller que sous le ministère de Colbert, la Normandie, le Limousin & l'Auvergne, où l'on avoit envoyé des étalons qui étoient beaux sans être de la première qualité, fournirent presque seuls & pendant long-temps aux besoins du royaume, qu'il en sortit même une très-grande quantité de chevaux pour l'étranger (1). Il n'y a qu'à se ressouvenir de l'essai qui fut fait par ordre du roi, en 1756, dans le canton appelé *la Camargue*, d'où il provint des chevaux aussi distingués par leur forme que par leur vélocité (2). Malgré l'état de

---

(1) Les Savoyards, de qui on en achetoit auparavant, en élevèrent moins, & furent obligés de venir en acheter dans le royaume, de même que les Piémontois. Ce qui arrivera encore non-seulement à ces deux nations, mais à plusieurs autres, lorsque nos haras dans lesquels on aura introduit un meilleur régime, donneront des chevaux nationaux.

(2) Ce fut le sieur Desportes, capitaine des carabiniers, qui fonda le haras. Le roi donna, outre les fonds nécessaires pour cet établissement, dix jumens & quatre étalons ; la communauté d'Arles fournit les emplacemens & les écuries. Le succès répondit parfaitement à l'espérance. Sa Majesté, satisfaite des chevaux qui provinrent

langueur dans lequel la guerre qui survint, fit tomber cet établissement, qui depuis n'a point été surveillé & n'a fait que dépérir; la Camargue n'a cessé de

de cet essai, les fit mettre dans ses écuries, & nomma le sieur Desportes commissaire-inspecteur des haras de Provence & du Bas-Languedoc. Cet inspecteur avoit formé le projet de faire un établissement beaucoup plus considérable dans l'île de Saint - Bertrand (formée par le Rhône), qui réunit toutes les qualités propres à la production des beaux chevaux; il se proposoit d'y entretenir cent cinquante jumens, mais la guerre fit échouer son projet. Il seroit facile de le reprendre. Les logemens & les écuries existent encore ; on pourroit l'étendre dans les autres cantons de cette province, qui sont également propres à y former des haras, & où l'on a préféré la production des mulets, parce qu'elle coûte moins au propriétaire, qui est souvent dans l'impossibilité de se procurer de beaux étalons, & que d'ailleurs le débit des mulets est plus prompt. On vend un mulet dès qu'il a acquis quinze mois, on vend rarement un poulain avant trois ans ; ainsi on donne la préférence à l'animal dont on peut se défaire en moins de temps, & on ne s'occupe pas à calculer que le trafic du poulain procureroit un gain plus considérable, parce que le profit le moins éloigné est toujours celui qui semble le plus avantageux. Mais cette production de mulets ne se fait qu'aux dépens de celle des chevaux, & il résulte nécessairement la dépopulation de l'une & de l'autre espèce.

donner de jolies productions par la feule nature de fon climat & l'excellence de fes pâturages.

On pourroit donc tirer du fein du royaume des chevaux pour tous les ufages, fans recourir à l'étranger, qui nous les vend très-cher & fouvent très-mauvais. La propagation des chevaux une fois établie, la nobleffe, qui eft aujourd'hui hors d'état de s'en procurer à caufe de leur cherté, en trouveroit à acquérir à un prix raifonnable ; elle s'exerceroit de bonne heure dans l'art de les monter, art qui ne peut s'entretenir que par le goût qu'on aura pour ces animaux, & ce goût ne peut être rappelé & maintenu que par le perfectionnement des races. Perfonne n'aime à monter une roffe, & chacun fe plaît fur un cheval noble & brillant. Parmi le peuple il fe formeroit naturellement une pépinière de gens qui acquerroient l'ufage & l'adreffe de manier les chevaux, & feroient plus fufceptibles des principes d'équitation qu'on voudroit leur donner; notre cavalerie acquerroit une fupériorité étonnante. Les fommes immenfes qui fortent du royaume pour les remontes, celles qui paffent chez l'étranger pour les chevaux de chaffe, pour les chevaux de monture & pour ceux de carroffe, y demeureroient, s'il fe trouvoit peuplé de chevaux, & par une circulation néceffaire fe répandroient en une infinité de mains, & en maintenant le peuple dans l'abondance lui faciliteroit les charges de l'état (1).

L'abondance des beaux chevaux eſt une richeſſe nationale, territoriale & précieuſe, qui importe eſſentiellement à la culture des terres & aux forces de l'état. Faire naître cette abondance, embellir & perfectionner les races, c'eſt rendre ſervice à la nation entière; c'eſt aſſurer un commerce qui entraîne une amélioration proportionnée dans l'agriculture; c'eſt nous ſouſtraire à l'égard de nos voiſins au tribut le plus onéreux & le plus conſidérable; c'eſt leur ôter les moyens d'avoir à nos dépens la meilleure cavalerie, &c. On fait cela, perſonne ne l'ignore, & je n'ai que le mérite de l'écrire.

––––––––––

(1) La cavalerie, les nobles, les citoyens riches ou aiſés & preſque la plupart des cultivateurs, tirent leurs chevaux du dehors. Leur prix, devenu plus conſidérable, ne ſe trouve plus en proportion avec les facultés d'une infinité de fermiers; d'où il réſulte une augmentation de prix ou un ralentiſſement dans les ouvrages qui exigent le ſervice du cheval. Dans les guerres de 1688 & de 1700, l'on fit pour plus de cent millions d'achat de chevaux étrangers, & ſur la fin des guerres de Flandres l'on vit des provinces où les cultivateurs, dans quelques endroits, furent obligés, par la rareté de l'argent & des chevaux, de s'atteler à la charrue.

[9]

Mais comment acquérir ces avantages ? comment reſſuſciter le commerce des chevaux ? Comment éviter les inconvéniens qui rendent les dépenſes inutiles, & aſſurer le ſuccès qu'elles doivent produire ? Comment parer à la multiplication des mauvaiſes eſpèces ? Comment produire l'embelliſſement, la perfection des races ?

1°. Les ſeuls moyens d'obtenir les réſultats & les ſuccès que l'on cherche, & d'éviter que les dépenſes ne ſoient infructueuſes, c'eſt d'avoir dans chaque province un certain nombre d'étalons convenables, & appropriés au climat & aux cavales auxquelles on veut les accoupler ; de mettre la plus ſcrupuleuſe attention dans leur choix & dans celui des mères ; de ne pas viſer à une économie toujours préjudiciable à leur achat ; d'avoir des inſpecteurs actifs, vigilans, remplis de connoiſſances relatives à leur état ; de faire faire aux étalons le ſervice *gratis* pendant dix ans au moins, à dater de l'époque de leur placement.

2°. Prohiber tout cheval entier ou âne mêlés & confondus indiſtinctement dans les pâturages communaux avec les cavales, & en éloigner les poulains à dix-huit mois ; établir des prix, des gratifications pour ceux qui auront élevé les plus beaux poulains (1).

----

(1) MM. *Bourgelat*, *la Foſſe*, *&c.* & preſque tous ceux qui ont récemment écrit avec quelque connoiſſance

Créer des foires où ne seroient vendus que les chevaux reconnus dignes d'y être admis.

3°. Enfin, il est de toute nécessité, si l'on veut avoir des chevaux de *sang*, c'est-à-dire de race pure du côté paternel & maternel, d'établir des

de cause sur les haras ; le marquis de *Mirabeau*, & autres écrivains économistes, se sont élevés contre les réglemens de l'administration actuelle, aussi onéreux au trésor public qu'au bien des particuliers : ils enchaînent la liberté, ils découragent l'agriculteur, ils font naître des abus que les soins vigilans ne peuvent jamais réparer ; encouragez, disent-ils, par des récompenses les possesseurs des haras à se pourvoir de belles jumens & d'excellens étalons, offrez les mêmes avantages aux laboureurs, vous les verrez à l'envi rechercher les jumens les mieux conformées ; alors les bonnes races se multiplieront, & l'étranger s'empressera de venir choisir chez nous les chevaux qu'ils nous font payer cher.

Les prix font tant d'impression sur les habitans de la campagne, qu'à *Castère*, en Angleterre, où il y a des prix pour le fermier qui apporte au marché les agneaux les plus pesans, on en a vu qui alloient au-delà de cinquante livres. En Normandie, où l'on a excité l'envie naturelle que chaque particulier peut avoir d'élever de beaux chevaux par un prix délivré par ordre du roi à celui qui a le plus beau poulain provenu d'un étalon des haras de Sa Majesté, la race s'y est améliorée. L'empereur connoît si bien l'efficacité d'un tel moyen, qu'aux

haras fixes en chaque province, dans un site convenable ; de marquer tous les chevaux qui en fortiront, & d'etablir des courfes de chevaux & de
chars à certaines époques de l'année.

Ces moyens vont faire l'objet des chapitres
fuivans.

CHAPITRE SECOND.

PREMIÈRE SECTION.

D'ABORD il y a impoffibilité phyfique qu'un
étalon qui fert indiftinctement des jumens de toute
taille & de toute efpèce, qui lui font annexées dans
fon arrondiffement, leur foit appatroné ; de vingt-
cinq ou trente qu'il faillit, à peine y en a-t-il
huit qui lui foient bien afforties : il ne peut donc
donner que des productions découfues & de peu
d'utilité ; auffi eft-ce ce dont on fe plaint tous les

différentes difpofitions qui ont été faites pour perfectionner les races de chevaux dans les Etats-Héréditaires, Sa
Majefté a ajouté, en 1785 & en 1786, la diftribution
des prix de cinquante ducats à ceux qui préfenteroient
les plus beaux chevaux entiers, âgés de cinq ans, nés
d'étalons du pays.

jours. Souvent un nourricier, au lieu d'aller à l'étalon mis par l'administration, se sert, pour épargner la rétribution du saut, ou par choix & par goût, d'un poulain provenant de ses cavales ou de celles d'un voisin. Comme c'est avant de l'hongrer, c'est-à-dire avant sa troisième année, qu'on le fait étalonner, on étrangle son accroissement, on évapore ses forces, son courage, & n'ayant pas à beaucoup près tout son être, il ne peut donner que des productions manquées, foibles & chétives. Souvent comme ces poulains ont des qualités que le paysan prise, on les excède; au lieu de vingt jumens, on leur en donne quarante, cinquante, il faut nécessairement qu'il les abuse ou qu'il périsse; ce qui, dans tous les cas, est une perte réelle pour l'espèce, & un obstacle à la propagation. Loin d'éloigner les consanguinités qui hâtent toujours la dépravation & l'abâtardissement, on y coopère en faisant couvrir la jument par son père ou son fils, son frère, son cousin germain, &c. dès-lors nulle compensation, nulle possibilité, nulle espérance de réparer, de diminuer les vices de l'empreinte originaire.

Les étalons sont mal tenus, mal soignés, mal nourris. Les gardes étalons, qui ne le sont ordinairement que pour jouir des privilèges attachés à leur place, sans égard pour la conservation de leurs

chevaux & au but de leurs placemens pour le ſervice des cavales , en font ſaillir, en pure perte
pour ceux qui en ſont les propriétaires, une quantité énorme, pour avoir un plus grand bénéfice en
multipliant les rétributions. Les réglemens ne peuvent rien contre ce vice, parce qu'il tient à la
cupidité. Il s'en trouve même qui, jaloux de leur
étalon, ou envieux contre quelque propriétaire,
font, la veille du jour où la jument de ce particulier doit être étalonnée, couvrir une des leurs,
pour que celle de la perſonne qu'ils jalouſent, ſoit
trompée. Les revues de l'inſpecteur étant annoncées
d'avance, & à une époque toujours fixe, les gardes
étalons ont alors ſoin de préparer leurs chevaux,
de les bourrer d'une nourriture échauffante, pour
qu'ils paroiſſent brillans dans la revue , & leur
donnent les apparences trompeuſes du feu & de la
vigueur ; mais dès l'inſtant que la revue eſt finie,
les ſoins diſparoiſſent, l'animal perd ſon embonpoint factice, & rentre dans l'état de dépériſſe-
ment d'où on l'avoit tiré momentanément. J'en ai
vu qui étoient dénués de force, & par conſéquent
de déſirs pour la monte, au point qu'ils la refu-
ſoient quoiqu'ils y fuſſent excités par des breuvages
& des alimens chauds, par des frictions aux nazeaux & au membre, faites avec les chaleurs de la
jument, & par d'autres ſtimulaus. Les gardes qui

n'ont pas des étalons au roi ou à la province, mais qui doivent en avoir à eux, n'en font généralement pourvus qu'au moment de la revue, quelquefois n'en ont point du tout. Comme ils n'en achètent que pour jouir des exemptions, ils font toujours communs, dépourvus des qualités qu'ils devroient avoir, fur-tout trop jeunes, ou atteints d'une caducité prématurée dans un âge où ils montrent encore les marques de la jeuneffe.

A tous ces vices fe réuniffent ceux de mauvaife nourriture ou d'excès de travail pour les élèves & fur-tout pour les jumens. Le payfan s'attachant plutôt à fe dédommager de leur nourriture journalière qu'au bénéfice du poulain, dont il ne jouira que dans trois ou quatre ans, & que l'eloignement fait évanouir, néglige les foins convenables, le vend de bonne heure, ou l'affujétit à un travail pénible dans le temps où le plus petit effort ne manque jamais d'etre funefte : il dépérit & finit par etre auffi défectueux que les moindres du pays. L'étalon toujours fédentaire dans le même canton, cède néceffairement à l'influence combinée du travail & du climat, & fervant dans le même département pour l'ordinaire pendant dix ans & quelquefois audelà; étant fouvent plein de vices & de tares, qu'on dérobe à l'œil de l'infpecteur, ou qu'il ne fauroit appercevoir, faute de connoiffances néceffaires, ne peut d'une part que s'allier avec fa poſtérité qui, en ſuppoſant même la perfeᶜtion de la ſouche, ſe détériorera; d'une autre part, il perpétue les mêmes défauts; ainſi l'eſpèce eſt toujours viciée, retombe dans ſon premier état d'imperfeᶜtion, & conſerve des défeᶜtuoſités qu'il faudroit éteindre.

Les ſeuls moyens d'arrêter ces vices, c'eſt de rendre l'intérét particulier dépendant de l'intérét public; c'eſt de diſtribuer dans différens cantons de chaque province, ainſi que cela eſt ſuivi avec ſuccès dans quelques-unes, des étalons appartenans à la province, deſtinés à ſaillir gratuitement les jumens de l'arrondiſſement que l'inſpeᶜteur aura paſſées en revue & jugées propres à lui étre appareillées & à donner de bonnes produᶜtions, ſe montrant très-difficile ſur le choix des mères : car il eſt queſtion d'améliorer, d'agrandir l'eſpèce & ſur-tout l'eſpèce femelle.

Ces étalons ſeront réunis tous dans un même entrepôt & ſous la direᶜtion d'une perſonne intelligente & inſtruite, qui puiſſe veiller à leur conſervation, étre plus à portée de juger des accidens qui peuvent les mettre hors de ſervice, étre exercés & ſoignés comme ils doivent l'étre. Les écuyers tenant les académies dans les villes capitales, ſont toujours des perſonnes très au fait du gouvernement des chevaux, &c. &c. ce ſera donc entre

leurs mains qu'on les dépofera ; il eft hors de
doute qu'en les employant au manège hors du temps
de la monte, ils en feront plus dociles, plus amis
de l'homme ; leurs membres fe conferveront fouples, leurs mouvemens en feront toujours lians ;
par conféquent leurs productions en feront plus
parfaites ; le cheval communiquant à fes échappés
fa difpofition à fes qualités acquifes avec fes qualités naturelles.

Dans le temps de la monte ils feront diftribués
dans les chefs-lieux des divers arrondiffemens, fous
la conduite de leurs palefreniers accoutumés, où
ils ne fauteront que le nombre de jumens requis:
ce qui confervera leur vigueur & durée, & en
rendra l'emploi efficace. Un autre avantage que
produira cet arrangement, c'eft que chaque année,
fans augmentation de dépenfes ni de foins, l'on
fourniroit chaque arrondiffement d'étalons nouveaux, ce qui rafraîchiroit les races, objet très-
effentiel à leur amélioration, & qui n'a pas lieu
dans le régime actuel. Les défauts dont les générations peuvent être attaquées, diminueront par le
changement de l'individu qui y coopère le plus,
& l'on parviendra infenfiblement à les détruire.
Cette nouvelle forme d'adminiftration faciliteroit
à un infpecteur tous les moyens d'interroger la
nature, & le mettroit en état, après plufieurs expériences

riences réitérées, de fixer dans l'étendue de fon département la place & le véritable canton qui conviendroient à tels & tels chevaux. (Voyez l'obfervat. du chap. 2me de la 3me Partie).

· Les privilèges & exemptions des gardes-étalons font très-onéreux aux communautés, parce qu'étant prefque toujours de grands propriétaires, le rejet de leurs impofitions fur les autres contribuables caufe une augmentation confidérable. Les étalons étant dans un entrepôt, ces inconvéniens qui détruifent les haras, difparoiffent ; tout devient égal dans les communautés, chacun participe aux charges publiques & à l'avantage de la rétribution du droit de monte; les étalons font fans ceffe fous les yeux de l'adminiftration ; ils font tenus & confervés comme ils doivent l'être.

La feconde année, les jumens qui auront pouliné, fe repoferont, & celles qui n'auront pas été fécondées, ou dont le poulain feroit mort en naiffant, & d'autres du même département, feront faillies, & ainfi de fuite pendant dix ans, toujours *gratis* (1).

____

(1) Au bout de dix ans, fi on le juge à propos, on peut mettre un droit de rétribution pour le faut des étalons ; mais ce droit ne doit être que de gré à gré, & nullement forcé. Ce droit eft très-ancien chez toutes les nations. De tout temps on a permis, pour ainfi dire, de

Il eſt néceſſaire qu'outre l'écuyer chez lequel ſeront les étalons, il y ait un ou pluſieurs inſpecteurs particuliers, ſuivant le nombre des haras, qui faſſe chaque année des tournées pour claſſer les jumens, afin d'approprier & faire le changement des étalons. Il y aura encore un inſpecteur général de quatre en quatre provinces, plus ou moins, pour éclairer la conduite des inſpecteurs particuliers, punir leurs négligences, vérifier leur travail, enfin ſe faire rendre compte de tout ce qui eſt relatif à la régie, ordonner les achats, les réformes, &c.

Les propriétaires des jumens annexées à l'étalon, aſſurés dès-lors d'avoir des productions d'un beau cheval, les laiſſeront jouir du repos qui leur convient, & donneront tous leurs ſoins à élever les poulains. Chacun voyant un avantage dans les jumens de taille, & que les réſultats deviennent meilleurs

---

trafiquer du ſaut des étalons. Dans pluſieurs pays, & notamment en Angleterre, on vend ce ſaut à ſon gré & même vingt, trente guinées, & au-delà, ſuivant la beauté & la race du cheval. Il eſt à deſirer que cette branche de commerce en vienne là parmi nous, & qu'on puiſſe mettre ainſi l'enchère ſur les accouplemens; ce ſera une preuve de perfection dans la propagation des chevaux, de l'eſtime qu'on en fait, de l'émulation qui règne dans le déſir de perfectionner & d'embellir encore, ou tout au moins de conſerver ce qui eſt acquis.

infenfiblement & à mefure des ménagemens qu'on a
pour elles, s'y refufera moins, fe déterminera bien
vîte à s'en procurer qui lui donnent la retribution
du faut, & préférera dès-lors d'élever les plus belles
pouliches ; ce qui hauffera la race promptement ; de
manière qu'au bout de dix ans chaque province fera
fournie de beaux & bons chevaux, & de belles cavales qu'elle aura vu naître. Ainfi, dans peu, la
production en deviendra plus parfaite : ce commerce fe fortifiera, & cette amélioration ne cef-
fant d'accroître, augmentera le prix de la vente par
les bonnes qualités de la chofe à vendre; ce qui eft
le plus grand point, fur-tout dans les productions
territoriales.

Qu'on n'objecte point l'infuffifance de ce moyen,
parce que le vœu d'avoir des chevaux nationaux étant
général, il n'eft nulle part plus grand que chez les
particuliers qui ont des fourrages ; qu'il y en a déjà
beaucoup qui vont acheter non-feulement dans les
provinces voifines, mais chez l'étranger, des poulains
ou des jumens pleines, pour être affurés d'élever des
chevaux au-deffus du commun ; que les cultivateurs
de la Champagne, Bourgogne, Franche-Comté, &c.
achettent chaque année en Suiffe (1) une quantité

---

(1) Il n'y a pas long-temps que la Suiffe ne produifoit que de gros chevaux mal faits ; à préfent, graces

prodigieufe de poulains qu'ils répandent enfuite dans le refte du royaume. Les jumens de diftinction font chères & rares, parce qu'on monte les fines & qu'on fait des attelages des autres. Si l'on fuit la méthode que je préfente, le fuccès ne peut être douteux, puifque les belles jumens qui en viendront, feront néceffairement confervées pour être poulinières; ce qui rendra confidérable le prix de leurs fruits, & par conféquent leur multiplication certaine par les avantages qu'il y aura à les élever.

DEUXIÈME SECTION.

Qualités recherchées dans les étalons & les jumens.

D'après tous les faits recueillis & les expériences faites, il réfulte que le mâle eft le vrai modèle de fon efpèce; & que la femelle contribue

à l'émulation qui s'eft introduite dans leurs haras, & à la recherche que notre indolence & notre peu de foin à élever des chevaux nous a fait faire des leurs, la Suiffe en produit de la meilleure organifation, pleins de force & d'haleine. Une bonne partie des chevaux vendus pour *normands* font nés & élevés en Suiffe. Le canton de Berne en fournit en abondance & des meilleurs. Il dépend de nous de nous paffer d'eux à cet égard.

plus que l'étalon au tempérament du poulain, à la forme & à la dimension du corps : que l'un & l'autre communique à leurs productions les défauts de conformation, les vices des humeurs, les tares, enfin les bonnes ou mauvaises qualités naturelles ou acquises, & même celles de leurs ayeux.

Quoiqu'un défaut naturel ou héréditaire, soit aux étalons, soit aux cavales, ne se produise pas d'abord, il passe cependant jusques à la troisième & quatrième génération, & quelquefois tant que dure cette race. C'est donc un point de dernière importance, de ne pas avoir de tels chevaux & d'y remédier, s'il se glisse dans un haras. Ainsi le choix des étalons & des jumens ne sauroit être fait avec trop d'intelligence & de soin.

Le climat dans lequel l'étalon a passé ses premières années, sa figure, sa taille, sont communément les seuls objets qui semblent intéresser ; cependant son âge, sa vigueur, sa robe & sur-tout son origine, sont pour le moins aussi essentiels. Un étalon doit être non - seulement beau, bien fait, relevé du devant, mais plein d'action, de santé, de force, de courage, avoir de la liberté dans les épaules, de la souplesse dans les hanches, les jambes bien proportionnées & sures, du ressort dans toutes les articulations & sur-tout aux jarrets ; le membre gros, les testicules pareils & retroussés ; être d'une conftitution tempérée, ni trop chaude, ni trop humide, mais vive, fouple & nerveufe. Tout cheval qui eft mou, indocile, timide, de mauvaife bouche, rétif, ombrageux, traître, ennemi de l'homme, eft à rejeter, quelque fuperbe qu'il foit; il produit des poulains qui ont le même naturel.

Le noir-jais, le gris mélangé de noir, toutes les nuances du bai, à l'exception du bai-brun feffes lavées, tous les alzans, à l'exception de l'alzan poil de vache, l'ifabelle-doré, le fauve, l'un & l'autre avec la raie, les crins, la queue, les jambes noires, font les plus belles couleurs & celles à préférer; mais tous ces poils feront bien teints & bien luifans; car les mal teints, lavés, &c. non-feulement font ignobles, mais femblent être un figne de dégradation de l'efpèce, du moins font-ils prefque toujours la livrée de la pareffe, indolence, pefanteur, lâcheté. Toute grande balzane, tout chamfrein blanc feront profcrits. L'étoile ou la pelote au front peu étendue & deffinée par la nature & non par artifice, des balzanes aux pieds de derrière, pourvu qu'elles ne s'élèvent pas au-deffus du boulet, feront feules admifes.

Il y a une infinité de préjugés relativement aux *balzanes*. Lorfqu'elles font *tachetées*, on les regarde comme des marques de chevaux capricieux. Si au contraire elles font *dentelées*, on en fait cas. La balzane qui fe trouve à la jambe de derrière, près du montoir, paffe pour une marque incomparable; mais fi elle eft au pied droit, alors le cheval qu'on nomme *arzel* eft regardé comme portant malheur, & fur-tout dans les combats. Les efpagnols en ont fi mauvaife opinion qu'ils difent en proverbe : *Cavallo arzel, guardaze del.* Gardez-vous du cheval arzel (1).

L'étalon doit être de bonne race. L'expérience prouve qu'un cheval d'une figure médiocre, forti

---

(1) Quoique je n'ajoute aucune foi au malheur prétendu qu'un cheval arzel peut caufer à celui qui le monte, je ne peux m'empêcher de rapporter un fait configné dans l'hiftoire, relativement au cheval de *Séjan*, conful romain & favori de Tibère. Ce malencontreux animal porta malheur à tous ceux dans les mains defquels il paffa. 1°. Séjan, qui le premier l'acheta, eut la tête tranchée en Grèce par ordre de Marc-Antoine. 2°. Dolabella, qui l'eut enfuite, fut maffacré en Syrie dans une émotion populaire. 3°. Caius-Caffius, à qui il appartint, mourut miférablement. 4°. Marc-Antoine, qui le montoit lorfqu'il fut vaincu par Octave, fe fit tuer par un de fes affranchis. 5°. Nigidius, le dernier qui ofa l'acheter, fe trouvant forcé de traverfer le fleuve Marathon, le cheval trébucha de façon que le maître & le cheval périrent. De là eft venu cet ancien dictum appliqué à ceux qui fembloient menacés d'une fin malheureufe : *il a le cheval de Séjan.*

d'un noble étalon , donne avec une belle jument un poulain qui remonte au premier pour la beauté ; au lieu qu'un cheval d'une belle conformation, mais iffu d'un fang vil , donne rarement des productions médiocres & fouvent des chétives. La taille d'un étalon pour la felle fera de quatre pieds huit à dix pouces, & cinq pieds pour le carroffe ; l'un & l'autre mefurés à la potence, qui donne rigoureufement le degré le plus jufte de l'élévation.

Il eft effentiel qu'avec les mêmes perfections recherchées dans le cheval, les jumens que l'on deftine à être mères, aient une taille avantageufe (au moins quatre pieds fept à huit pouces pour la felle, & quatre pieds dix pouces ou cinq pieds pour le carroffe), le flanc large, le coffre vafte, pour que le poulain foit logé à fon aife, & puiffe profiter, croître & s'étoffer ; & fur-tout qu'elles foient bonnes nourrices ; une petite, laide & méchante jument produira, il eft vrai, avec un bel étalon, un poulain meilleur & plus beau qu'elle, & que fi elle avoit été faillie d'une roffe , mais point auffi beau que s'il venoit d'une jument grande & belle, telle que le mâle. Il eft très-important qu'elle foit de bonne race ; celles engendrées d'un mauvais cheval produifent des poulains , quoiqu'avec un bel étalon , qui font fouvent & prefque toujours eux-mêmes de mauvais chevaux. La fanté des cavales

eſt de la plus grande conſéquence ; leurs indiſpoſi-
tions préjudicient à leur fruit ; car l'on ne ſauroit
douter que les mauvaiſes diſpoſitions du corps des
pères & mères ne ſoient le principal agent de la
foibleſſe & du mauvais tempérament des poulains
qui en naiſſent, & l'on ne peut attendre qu'un
rejeton maladif d'un étalon & d'une cavale chez
l'un deſquels il ſe trouve un vice marqué dans quelques-uns des organes précieux dont les fonctions
influent viſiblement ſur l'harmonie qui doit régner
dans l'économie animale. Des cavales pouſſives font
éprouver au fœtus des ſecouſſes qui ſont ſouvent
ſuivies de l'avortement ; & dans la préſuppoſition
que la production vienne à terme, elle eſt toujours
chétive & ne proſpère jamais. Des jumens farci-
neuſes, galeuſes, &c. mettent bas des poulains
attaqués des maux qu'ils ont puiſés dans le ſein de
leurs mères. Le poil ou robe des jumens doit être
conforme à celui que j'ai demandé pour les étalons.
Trop de maigreur où d'embonpoint eſt nuiſible à
leur fécondité. Il importe qu'elles ne péchent par
aucun de ces déſavantages. On n'agréera encore
que des cavales qui ont tous leurs crins. L'abondance
& la quantité du lait dépendent beaucoup du repos &
de la tranquillité dans les pâturages ; l'agitation continuelle que leur occaſionneroient les inſultes des
mouches, ſi elles ne pouvoient s'en défendre, en

diminueroit visiblement l'abondance. Si elles ont été dressées avant d'être présentées à l'étalon, elles en seront plus faciles à la saillie & moins farouches. (Au reste, voyez la 2.me Partie, chapitre 2.me, des moyens de bien choisir les étalons & les jumens).

T R O I S I È M E S E C T I O N.

Achat.

Il ne faut pas viser à trop d'économie dans les achats des étalons, parce qu'il faut tendre à la plus haute perfection ; que jamais on ne la paiera trop dans les chevaux destinés à faire souche, à former une race nouvelle, & à donner des chevaux de la première espèce. *Le but des haras doit être moins d'avoir des chevaux, que de beaux & bons chevaux*, ainsi qu'on l'a déjà dit ; & c'est ce qu'on ne sauroit assez répéter aux personnes qui s'attachent trop à chercher la modicité du prix. Imitons les Anglois qui, connoissant toute la valeur des beaux étalons, ne regardent point aux frais, lorsqu'il s'agit d'en acquérir. On a vu des propriétaires s'unir pour fréter ensemble un bâtiment destiné à recevoir un esclave du roi de Maroc, qu'on avoit gagné pour enlever un cheval des haras du prince ;

le voleur & l'étalon firent cinquante lieues en une course, & arrivèrent à bon port ; l'étalon revenoit aux posseffeurs à 80000 livres, & il en coûtoit vingt-cinq guinées pour obtenir de lui faire faillir une jument. Je conviens que la somme eft un peu forte ; mais par le moyen de la rétribution des fauts, elle a rentré à ceux qui l'avoient avancée, & a tourné ainfi au profit public & particulier.

QUATRIÈME SECTION.

Affortiment.

L'affortiment eft un des points fondamentaux, l'opération la plus délicate du haras, & fans laquelle on peut bien augmenter le nombre des individus, mais jamais les perfectionner : envain l'étalon & la jument feront accomplis, fi l'un eft grand & l'autre petit, trop ou trop peu étoffé relativement l'un à l'autre, tous les deux trop ardens ou trop mous, on ne peut, ni on ne doit rien en efpérer. C'eft en corrigeant les défectuofités de l'un par les qualités de l'autre, en oppofant les humeurs, les caractères, les formes, les climats ; c'eft en combattant fans ceffe le vice dominant de la race du pays ; c'eft en ne perdant pas de vue, en ne confondant & n'uniffant pas indifféremment les productions, que les réfultats feront bons ; autrement les premiers caractères déjà altérés en eux feront bientôt effacés dans leurs fruits, & ceux-ci fouillés d'une multitude d'imperfections qu'ils communiqueront inévitablement, & qui, s'accumulant de plus en plus, ôteront jufques au fouvenir le plus léger des fouches précieufes que l'on fe feroit procurées. Il eft donc important que les infpecteurs des haras apportent de la confidération dans les appareillemens, & qu'ils foient faits d'après de véritables lumières. (Voyez le chapitre 1er de la 3me Partie).

Choix des Infpecteurs.

Il eft de rigueur que les infpecteurs des haras aient les connoiffances non-feulement des parties extérieures du cheval, mais celles qui font néceffaires pour en préjuger les mœurs & le tempérament ; qu'ils foient capables d'obferver avec jufteffe, recueillir & répandre leurs obfervations ; qu'ils aient du goût, de l'amour & une forte de paffion pour leur état ; parce que pour réuffir, il faut connoître exactement & aimer beaucoup ce que l'on fait. Un infpecteur doit encore être d'un caractère tout empreint de douceur & d'aménité pour manier

avec fuccès celui des gens de la campagne , & leur
infinuer l'envie de donner tous leurs foins aux
jumens & aux poulains. La perfection des haras
dépend des infpecteurs : tout homme qui a toujours
vécu dans l'éloignement des chevaux, qui n'en a
pas la moindre connoiffance , ou qui n'en a qu'une
fuperficielle , qui court uniquement après l'hono-
raire de la place , doit être éloigné de la régie des
haras. Non-feulement de telles gens y font inutiles ,
mais pernicieux ; il ne fuffit pas de les choifir dans
les officiers de cavalerie ; il eft important, fans
doute , que ces places foient la récompenfe des officiers ou des nobles ; mais ce doit être la récompenfe
de ceux qui fe font fait une étude particulière du
cheval, & qui, à des connoiffances hypiques , joignent
l'intelligence & les qualités que j'ai exigées ci-deffus.
Mais comment n'être pas trompé dans le choix?...
Par le concours ou par un examen rigoureux. Le
corps des infpecteurs une fois établi, on défignera
un lieu fixe, où ils s'affembleront deux ou plufieurs
fois par an , pour fe communiquer leurs obfervations réciproques, & avifer au bien de l'adminiftration ; & ce fera dans ces affemblées, préfidées par le
directeur général des haras, ou par le plus ancien des
infpecteurs, qu'on examinera les concurrens aux
infpections, &c. Le projet dont je ne donne ici
qu'un léger apperçu , eft le feul moyen de détruire

tous les inconvéniens; & cette affemblée d'hommes qui confacrent leurs foins & leurs talens à un objet auffi intéreffant pour le bien public, feroit toute auffi avantageufe que celle des fociétés d'agriculture. Si l'on réfléchit que les haras demandent une attention unique & fuivie de la part de tous ceux qu'ils occuperont, afin de fuppléer l'habitude & le goût général éteints dans les campagnes, & que la différence des génies dans les perfonnes qui en font chargées, fut & fera toujours un obftacle à fon rétabliffement & à fes progrès; l'on demeurera fortement perfuadé que pour reffufciter les haras, les augmenter, les perfectionner & les foutenir, il eft abfolument néceffaire d'en confier l'adminiftration à des infpecteurs intelligens, dont l'efprit, toujours tourné du même côté, ne verra jamais un bien fans lui donner la forme d'exiftence qui lui conviendra, ni un abus, fans y porter le plus prompt remède.

SIXIÈME SECTION.

Placement des étalons.

Le placement des étalons, tant étrangers que nationaux, exige que l'on faffe une exacte attention aux climats, aux terreins dans lefquels ils auront vécu, afin de fe conformer, le plus qu'il eft poffible, à des sites analogues. Sans cette précaution trop négligée, & à laquelle on ne s'est pas même attaché comme cela auroit dû être, quoique ces animaux soient entièrement formés quand ils sont transportés sur notre sol, le plus ou le moins de qualité des fourages seroit toujours nuisible en ce qui concerne la nutrition, & par conséquent la vigueur; le plus ou le moins de pureté, de mobilité des eaux, dont les effets sont de donner de la fluidité aux humeurs, d'ouvrir les vaisseaux, de dissoudre les sucs visqueux, &c. influera sur la machine : & si l'animal n'est pas parvenu au période de son accroissement, ce qui est souvent possible, car enfin on ne refuse pas d'acheter un superbe étalon, parce qu'il n'a que quatre ou cinq ans; l'influence du climat & les différentes substances dont il se seroit nourri, trop éloignés l'une de son climat natal, l'autre des alimens qu'il a pris, pourroient s'opposer au développement & même à la solidité des différentes parties de l'animal, ou causer en elles une trop grande extension, soit en longueur, soit en largeur, soit en épaisseur. Je m'explique..... Un poulain né dans un climat froid, accoutumé à des pâturages abondans en sucs, & transporté dans un climat chaud, où des herbes contenant moins de particules nutritives que celles qu'il a pu paître dans le lieu de sa naissance, deviennent son aliment quotidien, n'acquerra point ce

degré d'accroiſſement auquel il doit parvenir &
feroit parvenu dans ſon pays. Les parties qui auront déjà pris un certain développement, ſe trouveront comme arrétées & ſuſpendues : les autres dont
la formation eſt plus lente, ne feront que de très-
légers progrès, & *vice verſâ* pour des étalons des
pays chauds placés dans des climats humides ; telle-
ment qu'il ne conſervera que peu de choſe du père
& de la mère, & du climat dans lequel il aura reçu
l'étre, & très-peu de choſe de celui dans lequel il
aura fini d'étre élevé. Ainſi, faute de ſoins & d'attentions de notre part, ce ſera un cheval abſolument manqué. Il eſt donc avantageux d'abord de
n'amener pour étalons que des chevaux entièrement
développés, pour que leurs formes en ſoient moins
altérées ; de ne leur donner que des alimens, tant
ſolides que liquides, analogues à ceux dont ils ont
été nourris, & ſur-tout de les placer ſur un ſol
& ſous un ciel le plus rapproché que faire ſe
pourra de celui où ils ont pris naiſſance & ont
été élevés.

CHAPITRE

CHAPITRE TROISIÈME.

SEPTIÈME SECTION.

TOUT cheval entier, autre que celui ou ceux mis par le roi ou par la province, doit être prohibé des pâturages communaux où font les cavales, parce qu'il eft contraire à la perfection de l'efpèce & aux bonnes loix, que chacun ne puiffe pas être affuré de tenir fa jument dans une prairie fans s'expofer à prendre un mauvais poulain. Il en fera de même des ânes dans les pays à mulets. Les poulains de dix-huit mois doivent être éloignés des cavales, parce qu'elles en deviennent amoureufes, qu'elles s'échauffent & fe vuident, & qu'en même temps les poulains s'énervent auprès d'elles.

Dans les provinces qui comportent les deux genres de productions de mulets & de chevaux, il faut, pour qu'un commerce ne nuife pas à l'autre, claffer les jumens, & annexer les plus mal conformées aux baudets.

HUITIÈME SECTION.

Prix, gratifications.

C'eſt en employant tous les moyens qui ont de l'empire ſur l'eſprit & la cupidité des hommes, qu'on parvient à tirer d'eux ce qu'on en déſire; c'eſt en mettant en œuvre les reſſorts de la gloire & de l'honneur qu'on réuſſit à obtenir au-delà même de ce qu'on demande.

Qu'un fermier apperçoive le moindre avantage à élever des chevaux, & qu'à cet avantage ſe joigne l'eſpoir de gagner un prix décerné à la plus belle production de ſon canton ; il mettra, ſans doute, tous ſes ſoins à nourrir une jument d'une conformation régulière, de préférence à cette lourde maſſe qui lui cauſe la même dépenſe, & qui n'a ni les facultés ni la volonté de lui faire plus de ſervice que celle dont les proportions ſont régulières; il eſt encore de ſon intérêt que cette cavale, objet de ſon bénéfice futur, ne ſoit étalonnée que par un beau cheval; il refuſera donc de la laiſſer devenir mère par celui qui ne peut lui donner qu'un extrait de la difformité dont il eſt pourvu ; ſon profit alors ſeroit manqué & ſon eſpoir évanoui. Il cherchera pour étalon celui dont la réputation de beauté & de bonté eſt établie, veillera ſoigneuſement à l'éducation du poulain, l'envisagera comme un objet de commerce dont le produit augmentera chaque année, & recueillera, en le vendant, le fruit de ses peines & de ses dépenses. S'il est assez heureux pour qu'il mérite le prix, la valeur de son cheval s'accroît sur le champ du double ; la réputation de ses élèves commence à s'établir, se fortifie annuellement, & finit par devenir aussi invariable que leur belle configuration. Bientôt l'émulation s'emparera des esprits ; les habitans de la campagne, à l'envi les uns des autres, se disputeront à qui aura la jument la mieux faite, les beaux poulains deviendront nombreux, l'intérêt & l'exemple entraîneront les plus opiniâtres, & leur feront exécuter ce que les réglemens les plus sages ne peuvent obtenir.

Le prix seroit en argent de la valeur de deux cents livres ; il y en auroit annuellement, dans chaque province, quatre qui seroient distribués, savoir, deux à ceux qui présenteroient les plus beaux poulains, & deux à ceux qui offriroient les deux plus belles pouliches, les uns & les autres âgés de trois ou quatre ans, engendrés & élevés dans la province. On désigneroit chaque année d'avance les lieux où les chevaux seroient amenés au concours. Les propriétaires recevroient le prix après le jugement, & pourroient disposer des chevaux à leur gré, même les vendre pour étalons.

Les gratifications confisteroient à exempter du logement des gens de guerre ou de quelqu'autre équivalent , celui qui nourriroit trois ou quatre jumens poulinieres ; & ces cavales pleines ou nourrices (de l'étalon de la province toutefois) & leurs poulains ne pourroient être saisis pour dettes : à plus forte raison les maîtres de poste ni les troupes ne pourroient les employer à leur usage. Le particulier qui, dans l'intervalle de dix ans, auroit présenté six poulains ou pouliches issus de ses cavales, qui auroient tous six remporté le prix, seroit dispensé de donner à la milice, & s'il étoit marié, & qu'il eût des enfans , deux de ses fils seroient exempts de tirer au sort, tant qu'ils habiteroient le toit paternel. Rien n'animeroit autant le cultivateur à concourir à la multiplication de l'espèce. L'espoir seul de parvenir un jour à ne pas mettre la main au chapeau , opéreroit la révolution.

NEUVIÈME SECTION.

Foires.

On créera ou on indiquera dans chaque province des foires qui s'y tiendront chaque année une ou deux fois , & dans lesquelles ne pourroient être admis que les chevaux issus & élevés dans le royaume, qui auroient remporté le prix, ou qui feroient marqués par les juges du concours ; laquelle marque ne feroit appofée à la cuiffe hors du montoir qu'aux chevaux fans tare. L'on puniroit févèrement tous particuliers, maquignons, ou autres qui la contreferoient. La marque des chevaux couronnés feroit mife fur la cuiffe du montoir, afin d'être diftincte de l'autre.

Ces foires réuniroient plufieurs avantages réels ; celui de concourir à la propagation de l'efpèce, même de l'accélérer, de fournir un débouché certain pour la vente, & un lieu fixe pour l'achat ; de forte que les perfonnes qui défireroient faire l'acquifition de chevaux, joindroient à la certitude d'en trouver de beaux, l'affurance de les avoir provenans de bonne efpèce, & fur-tout exempts de ces défauts que les maquignons favent fi bien cacher, qui même échappent quelquefois à l'œil du plus parfait connoiffeur, & mettent l'animal hors d'état de rendre les fervices qu'on s'en promettoit. La marque défignant les efpèces, on auroit au moins l'avantage d'acheter celui qu'on préfère, & on ne tomberoit pas dans le cas de prendre un cheval breton pour un normand, &c.

L'acheteur, n'ayant donc aucun rifque à courir, donneroit avec confiance fon argent, emportant avec lui la fatisfaction de n'avoir point été trompé dans fon emplette. Le nourricier ambitionnant de procurer à fes élèves l'honneur de la foire, qui feroit pour eux un débouché fur (1) , emploiroit fes foins à s'en procurer de dignes d'y être admis, & rejetteroit tous ceux que des vices de conformation en exclueroient. Ainfi petit à petit les chevaux défectueux difparoîtroient, & feroient remplacés par ces beaux modèles qui font l'admiration & le plaifir des connoiffeurs.

---

^ITRE QUATRIÈME.

DIXIÈME SECTION.

IL eft de toute néceffité, fi l'on veut avoir des chevaux de *fang*, c'eft-à-dire des chevaux de race pure du côté de père & de mère, d'établir un haras fixe dans chaque province ; parce que parmi les jumens de tel canton, deftinées à aller au même étalon, les rapports de taille, de ftature, de con-

---

(1) Le défaut de confommation en ce qui regarde nos chevaux François, jette inévitablement le poffeffeur qui fait des élèves dans un découragement total ; ce qui contribue à la décadence & à la ruine des haras.

formation, font généraux & fuffifans pour avoir de beaux chevaux; mais comme il y a des nuances, des différences particulières, l'affortiment ne peut jamais, quelque attention qu'on y porte, être auffi parfait que fi l'on avoit des jumens de choix; d'ailleurs, l'affortiment des formes eût-il lieu, celui des naiffances, qui eft tout auffi intéreffant, celui des climats, qui n'eft pas moins effentiel, manquant, les productions péchent & ne rempliffent point l'objet! C'eft donc, convenons-en, dans les haras fixes où l'on ne négligera rien pour fe pourvoir d'étalons & de jumens d'un fang noble, d'une configuration parfaite, & de climats affez oppofés, que les jumens bien foignées, bien panfées, jouiffant de la nourriture & du repos qui leur conviennent, donneront des poulains précieux; & ce n'eft que dans des haras fixes où ces mêmes poulains, foignés, nourris, élevés, comme ils le doivent, atteindront le degré de perfection qui leur étoit deftiné par la nature, étant développé & confervé par la main & les foins des hommes (1). C'eft dans les haras fixes que les races toujours croifées & jamais mélangées avec d'autres moins pures, fe conferveront dans

____

(1) Si on ajoute à la bonne qualité du fang, les fecours d'une nourriture étudiée, tant pour les étalons que pour les jumens & les poulains, on a lieu d'efpérer que cette

toute leur splendeur. Cette vérité est si constante que si on la négligeoit long-tems; en cessant de renouveller les races par des étalons étrangers, les générations s'aviliroient plus ou moins promptement, selon le climat & la nourriture, & s'éteindroient même, parce qu'il vient un tems où la matière dominant entièrement sur la forme, l'altère, la défigure & la vicie. Les hommes qui seront occupés dans les haras, & qui reporteront ensuite dans leurs cantons les connoissances qu'ils y auront acquises, y feront un bien infini en répandant les bons principes. Les beaux chevaux qu'on verra sortir de ces haras, l'estime qu'on en fera, le gain qu'ils offriront, tout réveillera l'émulation assoupie, & multipliera l'accroissement & la perfection des races inférieures.

Onzième Section.

Choix du terrein, & sa distribution pour un haras.

Les chevaux élevés dans les montagnes, soit dans les climats chauds, tels que l'Afrique, la Barbarie,

---

attention préviendra l'altération ou dégénération causée par l'influence du climat; le cheval étant, comme l'on fait, susceptible d'y céder.

l'Espagne ; soit dans les climats froids , tels que la Hongrie, la Transilvanie , &c. sont plus sobres , plus légers, plus vigoureux, moins sujets aux maladies cutanées , enfin meilleurs & plus recherchés que ceux des plaines, élevés dans la même région. Ainsi voilà le choix décidé, & les pays montueux préférables aux plaines pour l'assiette d'un haras. Et comment cela ne seroit-il pas ? L'herbe en est plus fine , plus sèche , contient plus de sucs spiritueux , moins aqueux & plus abondans en sels nourriciers que les plantes des terreins plats ; l'eau plus mobile , plus homogène, plus limpide; l'air plus vif, plus léger ; les jeunes chevaux, contraints de monter & descendre, pour ainsi dire, continuellement, acquièrent de la force , de la liberté , de la souplesse dans les membres, de l'haleine ; les jambes sont plus sèches ; la corne ferme & dure; tandis que les productions des pays plats , où l'herbe est grasse, l'air épais, & l'eau moins pure, ont le tissu de leurs muscles plus lâche, plus mou , & péchent par le volume excessif & par la pesanteur de la tête , par des épaules chargées , par les jambes qu'une énorme quantité de poil défigure , par la vue qui est foible, grasse, mauvaise , &c. A défaut de montagnes , un terrein graveleux , pierreux ou sabloneux , est à préférer ; il ne doit cependant pas être aride , mais qu'il produise une herbe fine & tendre. Les chevaux qu'on élève dans les pâturages moyens, c'est-à-dire, qui ne font ni gras ni maigres, ont plus de taille que les premiers, & souvent autant de nerf & de vigueur, mais jamais autant de légèreté ni de beauté dans les formes. Ainsi pour concourir à la confervation de chaque efpèce, il eft effentiel de placer les chevaux fins dans les pays montueux, & les plus grands dans ceux qui abondent en pâturages gras & en fourrages fucculens; aucun peuple n'y manque, y étant porté par l'expérience de tous les tems.

Lorfqu'on connoîtra parfaitement la nature du fol & du climat du canton dans lequel on fe propofe d'établir un haras; lorfqu'on aura bien examiné l'étendue & la fertilité des prairies, & qu'on aura déterminé le nombre & l'efpèce des chevaux qu'on y deftine; on le divifera en plufieurs enclos entourés de murs, paliffades, foffés ou haies, affez hauts pour que les poulains & les jumens ne puiffent les franchir. Ces divers retranchemens feront pour féparer les jumens nourrices & les nouvellement pleines, de celles qui font dans l'état de viduité, parce que ces dernières étant plus légères, pourroient bleffer les autres à coups de pieds : on féparera auffi les poulains d'un an d'avec ceux de deux, & les pouliches de deux ans d'avec les mâles du même âge; car ceuxci commençant à fentir leur fexe, les fatiguent &

s'énervent avec elles. Ces retranchemens ou parcs serviront encore pour changer ces différentes troupes d'un endroit déjà brouté dans un autre ; de sorte qu'il y ait toujours un pareil nombre de retranchemens vuides à ceux occupés, afin de donner à l'herbe le tems de croître & de fournir ainsi un pâturage toujours frais & nouveau. En supposant chaque retranchement de dix journaux divisés par clos d'un journal chacun, alors depuis le premier de mai, le pâturage d'un journal de pré suffira pour nourrir quarante jumens pendant deux jours , & en les faisant passer successivement de clos en clos, ils ne reviendroient au premier clos que dans l'espace de vingt jours, ce qui donne le temps à l'herbe de croître ; observant de mettre dans les plus gras les jumens pleines & les nourrices, pour qu'une nourriture plus nutritive fortifie les poulains à naître; & procure un lait plus abondant à celles qui alaitent. Une autre portion moins grasse & moins succulente, sera destinée aux jeunes pouliches, ainsi qu'aux cavales qui n'ont pas retenu, ou qui n'ont pas été couvertes. Dans le parquet le plus sec & le plus inégal , on mettra les poulains de deux à trois ans.

Comme la fiente & l'urine de cheval amaigrissent & brûlent le fonds des pâturages, que cet animal ne paît que l'herbe qui est tendre , & par conséquent celle qui eſt la plus près de terre ; au bout de quelques années, la prairie ſur laquelle il a vécu, n'eſt plus qu'un mauvais pré. Le bœuf, au contraire, ne mangeant que l'herbe qui eſt grande, coupe les groſſes tiges, & laiſſe à la plus fine le tems de repouſſer. Il eſt donc à propos, pour réparer les pâtures, de jeter des bœufs dans les portions d'où l'on tire les chevaux. *La Noue*, *Jean Tacquet*, & d'autres auteurs, interdiſent aux vaches l'entrée des pâturages deſtinés aux chevaux, ſous prétexte que la bave qu'elles dépoſent ſur l'herbe, eſt pernicieuſe aux poulains. Je n'en ai jamais fait l'obſervation ; mais *de Garſault*, à qui elle n'a pas dû échapper, & qui preſcrit dans un fonds excellent un bon bœuf pour deux chevaux, conſeille de mettre quatre vaches ou deux bœufs par cheval dans un fonds maigre, & deux vaches ou un bon bœuf dans un fonds médiocre ; ainſi il ne croyoit pas à l'inconvénient de la bave. M. *Vitet* conſeille également d'y mettre des vaches ; mais comme ce docteur n'a jamais dirigé des haras que dans ſon cabinet, il n'a fait que copier ici ce qui avoit été dit avant lui. Une remarque importante, c'eſt que les chevaux nonſeulement ne mangent pas l'herbe ſur laquelle ils ont fienté, mais encore ils ſont dégoutés de manger celle qui avoiſine la fiente, tandis qu'ils ne refuſent point de ſe nourrir de l'herbe engraiſſée avec les excrémens du bœuf ou de la vache, & que ceux-ci mangent volontiers l'herbe d'un pré nouvellement couverte du fumier de cheval.

Le fuccès & la profpérité d'un haras dépend principalement de l'abondance & des bonnes qualités des pâturages.

Ceux qui ont étudié les plantes des prairies naturelles, ont obfervé que fur quarante-deux efpèces de plantes que contenoient quelques prairies moyennes, il n'y en avoit que dix-fept de convenables à la nature des animaux, & que les vingt-cinq autres étoient inutiles ou nuifibles ; que dans les hauts pâturages, fur trente-huit, il ne s'en trouvoit que huit d'utiles, & enfin, que dans les prairies baffes il n'en exiftoit que quatre de falutaires fur trente-neuf. Il feroit trop long d'énumérer ici les plantes pernicieufes ou inutiles ; il me fuffira de dire que le *trefle*, la *luzerne*, le *fainfoin*, & la *grande pimprenelle*, font les meilleures & celles qui doivént faire le fonds des prairies.

Le trefle eft un fourage parfait pour tous les animaux herbivores, très-capáble d'aider les efpèces dégénérées à revenir à leur première conftitution, ou du moins de les y maintenir. Il croît dans toute forte de terrein, même le plus aride, & rien n'eft moins à charge que de le cultiver. Si l'on veut le faner foit dans la première, deuxième ou troifième

récolte, pour le faire manger dans l'écurie & empêcher que l'humeur mufqueufe de la tige ne caufe
aucune altération, parce qu'elle eft encore dans un
grand état d'humidité, lorfque les feuilles très-fines
font sèches, il fuffira d'y mêler de la paille fur le
pré, à raifon d'un tiers, ce qui facilitera la communication de l'air, entretiendra la défunion des
tiges, qui fubiroient des degrés d'une fermentation
d'autant plus corruptible qu'elles feroient plus rapprochées & plus entaffées fur elles-mêmes, & formera un fourage bien fupérieur aux foins naturels.

La luzerne fe plaît particulièrement dans les terres
baffes, fablonneufes & légères, & réuffit très-bien
dans les terres élevées, sèches & fortes, pourvu que
la terre en foit parfaitement ameublie & bien
amendée.

Bien des auteurs, qui ont donné des mémoires
fur la luzerne, ont tous, fans expérience, mais fur
la foi les uns des autres, écrit que cette plante, le
premier & le plus fécond de tous les fourages, ne
convenoit, mangée en verd, qu'aux mères nourrices, & qu'elle étoit funefte aux mâles. Il eft vrai
que les chevaux font très-avides de cette nourriture,
la plus délicieufe qu'on puiffe leur offrir, & qu'elle
leur feroit nuifible s'ils en mangeoient une trop
grande quantité en peu de temps, mais qu'ils n'en
éprouvent rien de finiftre, foit qu'ils travaillent ou

qu'ils restent dans l'inaction , pourvu qu'on les habitue peu-à-peu à ce fourage, & qu'on leur supprime l'aveine. La luzerne , en verd , convient à merveille aux vaches , & leur donne abondamment le meilleur lait possible. Il n'y a que les bœufs à qui elle n'est point aussi salutaire, parce qu'elle opère sur eux des effets astringens.

La grande pimprenelle est aussi un excellent fourage; elle réunit toutes les qualités désirables; & semée parmi les autres plantes, elle en relève le goût & les vertus. Cette plante, dont on fait des prairies artificielles, est non-seulement bonne pour les chevaux , mais elle donne aussi de l'excellent lait aux vaches , aux brebis & aux chèvres ; elle s'élève à la hauteur de deux pieds & demi, trois pieds dans les bons terreins ; croît très-bien dans les lieux montagneux, (qui font le sol natal de cette plante) & dans les terres légères, sablonneuses, pierreuses; se soutient pendant sept à huit ans en bon état, & conserve son feuillage & sa verdeur pendant l'hiver. On la sème en mars, après un léger labour, avec de l'orge ou de l'aveine, qui lui sert d'abri jusques à ce qu'elle soit un peu fortifiée, & on les fauche ensemble. On peut la couper deux fois la première année, trois fois la seconde, & quatre fois les suivantes, pour peu qu'on lui donne de l'engrais. Je ne saurois trop recommander la culture de cette plante.

Le *ray-graff*, dont les Anglois ont compofé depuis peu des prairies artificielles, fi fort recommandé dans le dictionnaire de Valmont de Bomare, eft une yvraie; c'eft affez pour la rendre fufpecte à quiconque connoît les funeftes propriétés de l'yvraie commune. J'ai obfervé que le *ray-graff* rend les chevaux qui en mangent, triftes & mélancoliques; à plus forte raifon doit-on rejeter le *faux ray-graff*, communément appelé *faux feigle*, *faux orge*, *fromental*, qu'on a introduit depuis quelques années dans l'agriculture, & qui eft fi vanté par de certains auteurs. Cette plante médicamenteufe & diurétique, que les chevaux déteftent, fait dépérir à vue d'œil ceux qui font forcés d'en vivre par l'excès de la faim.

La falubrité des fourages qui ne font garnis que d'une feule & même plante; les abondantes récoltes que les *trefles*, les *luzernes* & la *pimprenelle*, fourniffent; l'avantage que ces plantes ont d'etre moins fujettes à la rouille, puifque étant plus vigoureufes & plus prématurées que les autres, elles font plus en état de réfifter à la diffolution de leurs principes, caufée par la gelée, les frimats, &c.; la propriété d'etre une nourriture fufceptible de donner aux chevaux une conftitution ferme & vigoureufe; la fertilité qu'elles donnent à la terre, doivent exciter à en fuivre généralement la culture.

Il

Il doit y avoir dans chaque enclos des pièces
d'eau, pour que les élèves puiffent s'y abreuver ;
elles auront quatre pieds de largeur, & pas plus de
deux pieds de profondeur ; les bords feront en
pente très-douce & garnis de fable ou de graviers.
Les eaux dormantes font préférables aux eaux vives,
felon prefque tous ceux qui ont écrit fur les haras ;
elles le feroient auffi felon moi, fi elles n'avoient
pas l'inconvénient de fe remplir promptement d'une
infinité d'ordures & d'infectes, de rendre enfuite le
cheval délicat fur les autres eaux , & fufceptible de
l'impreffion de celles qui font plus vives ; ainfi les
eaux doivent être coulantes, nullement troubles ,
mais claires, limpides, & fur-tout exemptes d'aucunes
particules minérales dangereufes, telles que celles de
plomb, d'arfenic, &c. Il y aura auffi des arbres & des
hangards, pour mettre les jumens & les poulains à couvert dans un temps d'orage, & pendant la plus grande
ardeur du foleil. Il eft de la plus grande importance
de ne laiffer ni tronc, ni chicot, ni trou dans les
parcs; ils pourroient bleffer ou eftropier les jumens
& les poulains : il faut y tenir des valets entendus ,
vigilans & doux, qui prennent garde jour & nuit à
ce qui fe paffe, afin de remédier aux défordres.

D

DOUZIÈME SECTION.

Des marques du Haras.

Chaque province aura une marque particulière, & toutes les productions qui fortiront de fon haras, en feront marquées à la cuiffe gauche ; elles le feront auffi à l'encolure d'un numéro qui répondra à celui de l'étalon dont elles feront iffues. Il en réfultera qu'on évitera par ce moyen tout accouplement inceftueux ; qu'on acquerra l'habitude des nuances qui différencieront les chevaux de chaque province. Les infpecteurs & autres perfonnes à la téte des haras, feront intéreffés à veiller au bien de la chofe, parce que leurs talens feront mis au jour par le plus ou moins de perfection des élèves ; l'émulation fe gliffera parmi eux, & généralement dans toutes les provinces ; chacune voudra faire mieux que fa voifine, & acqué-rir ce degré de fupériorité où celle-ci aura atteint. Il en feroit de cette branche de commerce comme de celle de nos manufactures, où chacune cherche à s'élever au-deffus de fa rivale, ou pour le moins à l'égaler.

Dans le tems où les haras d'Italie jouiffoient de la plus grande confidération dans toute l'Europe, non-feulement chacun d'eux, mais encore chaque étalon avoit fa marque particulière. Plufieurs écrits, en

[51]

faifant paffer ces différentes marques à la poftérité,
prouvent le haut point de perfection où ils étoient
alors (1).

TREIZIÈME SECTION.

Encouragemens, courfes.

Je fuis le premier à propofer l'établiffement des
courfes de chars ; mais je ne fuis pas le premier à
defirer que celles de chevaux deviennent en vogue
parmi nous. L'éloquent auteur de la philofophie
rurale, & nombre d'autres, font le même fouhait.
M. *le Boucher du Crofco* le propofe dans fon Mémoire fur les haras (voyez-en l'analyfe), comme
la voie qui peut conduire le plus fûrement à la perfection & à la confervation des races ; il va même

---

(1) Nous connoiffons les fuivans : *Libro de marchi
de Cavalli con li nomi di tutti li principi & privati Signori
che anno razza di Cavalli, in Venetiâ,* 1569, *in-8°;
—* 1588, *in-12 ; —* 1626, *in-16. — I veri difegni
de marchi di tutti le piu famofe razze de cavalle che
fono in regno racolta de J. B. Capello, in Napoli,* 1588,
*in-8°. — La Perfectione del cavallo de F. Liberati, in
Roma,* 1639, *in-4°; idem,* 1669, *in-4°.*

plus loin, il le regarde comme fuffifant pour entraîner la révolution. En effet, comment fe refufer à l'évidence qui nous montre que ce moyen eft celui qui foutient & perpétue les chevaux de *fang* en Angleterre; que c'eft par lui que l'efpèce a été totalement changée, & que l'efpèce vile & méprifable qui avoit précédé celle-ci, s'eft entièrement évanouie. Depuis que les Américains ont introduit les courfes dans leurs colonies, l'efpèce de chevaux y eft devenue meilleure, s'y perfectionne tous les jours; enfin la Virginie, le Maryland, &c. en fourniffent qui ne le cèdent en rien aux chevaux de la grande Bretagne. Je n'héfite donc pas à regarder les courfes de chevaux, comme néceffaires à la production & au maintien des bonnes races, des races pures de chevaux fins, & les courfes de chars pour la propagation & l'encouragement des chevaux de carroffe.

Les courfes font avantageufes pour le pays où elles feront en vogue, en lui donnant toujours une prépondérance réelle fur fes voifins, foit pour le commerce des chevaux, foit pour avoir une cavalerie fupérieure. Les courfes de chars forment le plus beau des fpectacles, il eft bien fait pour émouvoir ceux qui font fufceptibles des grandes chofes; il eft très- intéreffant pour les hommes qui aiment les chevaux & la gloire, & donnant aux particuliers

l'envie & le defir d'y briller, il les déterminera infailliblement à élever des chevaux d'un ordre fupérieur. On fait que c'eft par les courfes que les
Theffaliens, voifins de la Grèce & de la Macé-
doine, fe formèrent infenfiblement à l'exercice du
cheval; & que les Lapithes, autre peuple de la
Theffalie, fe diftinguèrent par leur habileté à manier ces animaux, & imaginèrent les premiers les
mords; qu'enfin les haras d'Épire, de Mycene &
d'Argos, dûrent à ces fortes de combats la perfection fingulière à laquelle ils parvinrent; & c'eft
cette émulation qui a multiplié en Angleterre
l'efpèce au point où elle eft. Pourquoi ne produi-
roit-elle pas parmi nous le même effet? Difons
plus, il n'y a pas de région où les particuliers s'intéreffent davantage à la gloire & aux fuccès de la
nation; il fuffit de leur en indiquer les moyens, les
courfes les fourniront; elles auront encore l'avantage d'offrir une voie fure & infaillible d'apprécier
un cheval, de s'affurer de fa vigueur & de fa bonne
organifation, parce que celui qui remporte le prix
eft le meilleur, & mérite d'être préféré pour le
fervice des cavales. Un cheval ne peut courir qu'à
raifon de la force de fes reins & de fes jarrets; fa
viteffe eft toujours & néceffairement proportionnée
au reffort, à l'élafticité de ces parties; il ne peut
foutenir la célérité de fa courfe que par une bonne

haleine & une excellente organifation intérieure ; il a donc toutes les qualités recherchées dans un étalon ; car il faut avouer que l'infpeÉtion feule ne fauvera jamais l'homme le plus profond & le plus connoiffeur, du défagrément d'errer fouvent en ce qui concerne le fonds du caraÉtère & du tempérament de l'animal, & les différentes qualités intérieures qui en conftituent la force & le courage. Ainfi, quoique chaque particulier n'ait pas befoin de chevaux de courfe, l'Etat a un befoin indifpenfable d'avoir des courfiers, afin de produire avec des jumens plus ou moins nobles, des chevaux de bonne qualité. Henri VIII avoit fi bien connu la certitude de ce moyen, pour perpétuer, annoblir & fertilifer de tous les animaux l'efpèce la plus utile, qu'il fit une loi qui ordonna la confervation des chevaux de race, c'eft-à-dire, *de courfe*, en Angleterre ; & le premier prix accordé par le gouvernement, fit fur les efprits une impreffion & fi forte & fi vive, que depuis lors cet exercice a été porté au point de vigueur où on le voit (1). Les

---

(1) *Voyez* Relation abrégée de l'origine, des progrès & de l'état aÉtuel de la Société établie à Londres en 1754, pour l'encouragement des arts, des manufactures, &c. Londres ; Paris, chez Demonville, 1764, in-8°, page 3 & fuivantes.

prix donnés par le roi font de cent guinées ; ceux qui font accordés par les villes, ou conféquemment à des foufcriptions particulières, font de cinquante guinées, & ne peuvent être moindres par acte du parlement.

» Mais pourquoi ces récompenfes données par
» le gouvernement, ont-elles fait fur les efprits
» une fi vive impreffion, & que l'augmentation
» de ces récompenfes a porté les courfes au point
» de vigueur où on les voit » ? C'eft qu'elles réuniffent des avantages qui intéreffent le bien général & le bien perfonnel ; c'eft que ces fommes & celles des paris, tournent à l'avantage des poffeffeurs de chevaux : or, comme il y a plufieurs courfes dans une même année, le même cheval conduit dans différens lieux, peut gagner plufieurs prix ; & il eft des exemples où un en a gagné treize confécutifs, montans à la fomme de 5840 guinées (1). Quel appât ! quel bénéfice pour le maître ! lors même qu'on fuppoferoit que le cheval lui en auroit

______

(1) Le *Pantalon* appartenant à M. Vernon, gagna treize prix, dont le montant fut de 5840 guinées. La même année le *Treutham* à M. Solei en gagna neuf, dont le montant fut de 3960. Le *Pamphlim*, appartenant à M. Folei, en gagna fix, dont le montant fut de 3400 ; & l'*Amphion*, appartenant au lord Bolingbroke,

coûté 1000 ! Les autres sommes que peut rendre un cheval vainqueur, & dont on publie l'origine & les victoires ; en l'annonçant comme étalon dans les papiers publics, sont un nouvel attrait. Le prix de ses sauts est toujours en raison des qualités con-nues de l'animal & de sa progéniture. Les sauts de l'*Eclips*, fameux cheval qui avoit gagné par-tout où il avoit couru, furent d'abord portés à 25 guinées pour chaque jument : ils restèrent à ce prix jusques à ce que ses productions fussent en état de paroître; plusieurs de ses poulains coururent & gagnèrent, le prix de ses sauts monta à 50 guinées. Il en a été de même de *Snap*, de *Chrysolite*, &c. Les sauts de *Mask* & de *Chillaby*, furent mis, en 1776, à 100 guinées; ils servirent chacun trente-deux ju-mens, & valurent à chacun de leurs maîtres 3200 guinées.

N'étant pas mieux pourvus de chevaux de carrosse que de ceux de selle, les uns étant aussi nécessaires que les autres, il est juste d'accorder des prix à

---

gagna huit prix, dont le montant fut de 2440 guinées. En 1775, un particulier paria à Newmarket, avec différentes personnes, 23000 guinées. Le propriétaire du cheval qui gagna, après avoir défié les trois royaumes, en refusa 12000 guinées. (Voyez Journal d'Agriculture, septembre 1778, page 60).

ceux qui en élèveront, & d'établir des courses de chars dans lesquelles on assurera la même impartialité que dans les courses de chevaux, & où se trouvera le même avantage pour le particulier & le général.

Toute gêne, toute contrainte, toute prédilection, en seront bannies ; le concours sera absolument libre à tout le monde ; les personnes, les rangs, les qualités, seront oubliées. Les chevaux des uns & des autres pourront entrer en lice : on ne juge point les hommes, mais les chevaux, & on les juge sur le seul élément qui puisse donner la mesure juste de leur supériorité.

Les courses auront lieu depuis le mois d'avril jusques au mois d'Octobre inclusivement. On prendra des jours de fête, si l'on craint la perte du tems pour le peuple des lieux où il y aura des courses.

Aucun cheval étranger ne pourra courir, ceux d'origine & d'éducation françoise seront seuls reçus ; & au moyen de la marque des haras d'où ils sortent, ou de celle du prix qu'ils auront obtenu comme beaux poulains, ou de celle qu'on leur aura faite pour les admettre aux foires, on en sera certain. Quant à l'objection, que c'est mettre des entraves aux productions particulières, en ne recevant que les chevaux *marqués*, & que le nombre de per-

fonnes qui ont des haras , ou qui élèvent des poulains procréés d'étalons , qui , pour n'être pas à la
province , n'en font pas moins de bonne race & de
belle configuration , trouveroient de l'injuftice à
voir leurs nourriffons exclus de la carrière ; voici
ma réponfe. On connoît toujours, dans chaque province, les particuliers qui ont des haras diftingués ,
on admettra donc tous chevaux qui en fortiront.
D'ailleurs, comme l'effentiel & l'objet principal eft
d'encourager la propagation & la perfeftion, &
qu'au bout de quelques années, les courfes & les
prix accordés par le gouvernement auront fait
fur les efprits une impreffion affez vive pour procurer l'embelliffement des produftions nationales ;
alors il eft peu important d'être févère fur les
races des chevaux ; il fera même plus à propos de
recevoir indiftinftement tous ceux qui fe préfente-
ront pour entrer en lice. La quantité & la qualité
des concurrens ne peuvent qu'accroître & fortifier
l'émulation. J'oubliois de dire qu'une des loix fon-
damentales fera que les chevaux ne feront montés,
dans les courfes , que par des François. Le prix de
la courfe fera au moins de 1200 livres.

Les Anglois ont réveillé, il eft vrai, les premiers
en Europe le goût des courfes de chevaux, long-
tems cultivé par les Grecs. En admettant parmi
nous les courfes de chars, nous ferons les premiers

ceux qui en élèveront, & d'établir des courfes de
chars dans lefquelles on affurera la même impartialité que dans les courfes de chevaux , & où fe trouvera le même avantage pour le particulier & le
général.

Toute gêne , toute contrainte, toute prédilection, en feront bannies ; le concours fera abfolument
libre à tout le monde ; les perfonnes, les rangs ,
les qualités , feront oubliées. Les chevaux des uns
& des autres pourront entrer en lice : on ne juge
point les hommes, mais les chevaux , & on les juge
fur le feul élément qui puiffe donner la mefure jufte
de leur fupériorité.

Les courfes auront lieu depuis le mois d'avril
jufques au mois d'Octobre inclufivement. On prendra des jours de fête, fi l'on craint la perte du
tems pour le peuple des lieux où il y aura des
courfes.

Aucun cheval étranger ne pourra courir, ceux
d'origine & d'éducation françoife feront feuls reçus ;
& au moyen de la marque des haras d'où ils fortent,
ou de celle du prix qu'ils auront obtenu comme
beaux poulains, ou de celle qu'on leur aura faite
pour les admettre aux foires, on en fera certain.
Quant à l'objection , que c'eft mettre des entraves
aux productions particulières, en ne recevant que
les chevaux *marqués* , & que le nombre de per-

fonnes qui ont des haras , ou qui élèvent des poulains procréés d'étalons , qui , pour n'être pas à la
province , n'en font pas moins de bonne race & de
belle configuration , trouveroient de l'injuftice à
voir leurs nourriffons exclus de la carrière ; voici
ma réponfe. On connoît toujours, dans chaque province, les particuliers qui ont des haras diftingués,
on admettra donc tous chevaux qui en fortiront.
D'ailleurs, comme l'effentiel & l'objet principal eft
d'encourager la propagation & la perfection, &
qu'au bout de quelques années , les courfes & les
prix accordés par le gouvernement auront fait
fur les efprits une impreffion affez vive pour procurer l'embelliffement des productions nationales ;
alors il eft peu important d'être févère fur les
races des chevaux ; il fera même plus à propos de
recevoir indiftinctement tous ceux qui fe préfente-
ront pour entrer en lice. La quantité & la qualité
des concurrens ne peuvent qu'accroître & fortifier
l'émulation. J'oubliois de dire qu'une des loix fon-
damentales fera que les chevaux ne feront montés,
dans les courfes , que par des François. Le prix de
la courfe fera au moins de 1200 livres.

Les Anglois ont réveillé, il eft vrai, les premiers
en Europe le goût des courfes de chevaux , long-
tems cultivé par les Grecs. En admettant parmi
nous les courfes de chars, nous ferons les premiers

en Europe qui les auront renouvellées, & les nations qui les établiront enfuite chez elles, les rece-
vront de nous, comme nous recevrons des Anglois
celles des chevaux. Ces courfes illuftrèrent l'ancienne
Grèce, elles furent chantées par fes poëtes, elles
faifoient l'objet principal de fes fêtes, & elles con-
tribuèrent à y fixer cette fupériorité de lumières,
qui l'a fi long-tems diftinguée du refte du monde.
Ce goût fubjugua auffi les Romains, rehauffa l'éclat
de Rome, & ne fe perdit qu'avec la fplendeur de
l'empire. Cet oubli dans lequel ces *courfes de chars*
font tombées depuis fi long-temps, tient, fans
doute, à ce qu'il faut plus d'art, plus de dextérité
pour conduire fur l'arêne un char attelé de plufieurs
chevaux, que pour en monter & manier un feul.
Mais cette difficulté n'auroit-elle pas dû, au contraire, engager les gens riches, ceux qui aiment la
gloire, à établir des courfes de chars? Quoi de
plus noble ! quoi de plus fatisfaifant, que de tenir
fous fon obéiffance quatre brillans & vigoureux
courfiers, de leur infpirer le defir de vaincre, &
les trouvant auffi ardens que dociles à feconder la
main qui les guide, les voir, par l'inquiétude de
leurs mouvemens, témoigner leur impatience &
leur ardeur, & au moindre fignal déployer leurs
refforts, précipiter leurs pas avec la rapidité de
l'éclair, redoubler de célérité & d'adreffe pour

devancer leurs rivaux ! Quoi de plus flatteur pour l'athlète qui les conduit, que de franchir, à l'aspect du but, les difficultés sans les appréhender ! Il efface, par son air d'assurance, la crainte du cœur des spectateurs qui s'animent, s'agitent, se passionnent comme s'ils conduisoient eux-mêmes les chevaux; il y fait succéder cette joie pure, ce plaisir qu'inspire la victoire. Est-il un instant plus délicieux que celui d'entendre les cris de joie & d'allégresse qui proclament le vainqueur, font voler son nom de bouche en bouche, & le gravent dans la mémoire des hommes?

Les courses de chevaux sont bien faites aussi pour émouvoir & intéresser. Les chevaux & les cavaliers, enflammés par l'ardeur du spectacle, se précipitent & semblent se dérober à la vue. A peine apperçoivent-ils le but où ils tendent par une rapidité progressive, que cette rapidité augmente, accroît & s'accélère encore; dès-lors leurs forces différentes les partagent, & réunissent en groupes ceux qui sont de la même vigueur; bientôt les efforts deviennent prodigieux; quelques élans les séparent & les épuisent; en reste-t-il deux ou trois à se disputer le prix, l'adresse & la force des concurrens se confondent avec la fureur des chevaux qui s'animent, & les juges n'ont plus qu'un éclair pour décider quel est le vainqueur.

CHAPITRE CINQUIÈME.

AYANT montré l'avantage qui réfulteroit du plan que je propofe, il me refte à faire voir que les dépenfes feront peu onéreufes. Ces dépenfes font l'achat des étalons, les frais d'entretien, ceux de leur placement durant la monte, les fommes deftinées pour les prix, & les frais de leur entrepôt.

1°. Les communautés paient annuellement 80 à 100 livres, plus ou moins par étalon, outre ce qui eft à la charge de ceux qui ont des jumens. Que l'on fupprime ces paiemens qui fe font d'une manière inégale, que l'on faffe une répartition annuelle à raifon du rôle des impofitions, par exemple, d'un fou par livre. La répartition fera moins onéreufe que celle qui exifte aujourd'hui. Le droit de monte étant anéanti, & avec lui les exemptions dont jouiffent les gardes, il y aura une diminution dans chaque quote-part des impofitions ; ce qui rendra imperceptibles, ou du moins égales, les charges locales. Que l'on mette une taxe, tant fur les chevaux de ville que fur ceux de campagne, ainfi que cela fe pratiquoit anciennement dans beaucoup de provinces, & comme cela fe pratique encore aujourd’hui dans le Hainaut Autrichien, & ailleurs, avec cette différence que les gens vivant noblement paieront une fois autant que le cultivateur. L’augmentation & la perfection des chevaux formant un avantage univerſel, il n’y a pas d’inconvénient d’y faire concourir tout le royaume.

Si l’on fait attention que les chevaux nationaux coûteront moins que ceux qu’on fait venir du dehors, & auront autant de qualités ; l’on demeurera perſuadé que cette taxe ne ſera point onéreuſe. Que l’on établiſſe ou que l’on augmente l’impôt ſur tous les chevaux qui entrent de l’étranger dans le royaume, cela ſoutiendra la vente des chevaux nationaux, & empêchera la ſortie de l’argent. Dans tous les états du nord, où les chevaux forment une des plus conſidérables branches du commerce avec l’étranger, cet impôt a lieu.

On peut encore mettre une taxe ſur tous les mulets & mules, & il ſeroit à propos que cette taxe fût double, & même triple, de celle impoſée ſur les chevaux, afin d’engager les particuliers à préférer l’éducation des chevaux à celle des mulets.

Il y eut un tems où le commerce des chevaux étoit abandonné en Eſpagne, & on ne parvint à le revivifier qu’en défendant *de ne plus mettre houſſe ſur des aſnes ou mulets, ou bien en redimant ceſte liberté avec argent ; car*, dit l’hiſtorien, *chaſcun*

aimoit cefte commodité & monture ayfée par où
les chevaux venoyent a mefpris & les homes a
dégénerer de la chevalerie.

Voilà des moyens doux, convenables, & qui,
fans augmentation de charges pour l'Etat & pour
le prince, & même, on peut le dire, avec une
diminution pour l'un & pour l'autre, procureront
un fonds annuel pour l'entretien des étalons, pour
leur achàt & pour les frais extraordinaires de régie.

Prenons pour exemple une province, celle du
Dauphiné ; & fuppofons que trente étalons lui fuffifent dans les commencemens.

Nourriture, foins, entretiens de trente étalons,
à 600 livres par an chacun, y compris les
gages des palefreniers, fomme de. . . . 18,000 liv.

Frais de tranfport des étalons dans
leurs placemens, dépenfe extraordinaire
de leurs conducteurs, loyer des écuries, &c. pendant le tems de la monte,
à raifon de 100 livres par étalon, tout
compris dans cette dépenfe, ci. 3,000

Quatre prix pour les plus beaux poulains, à 200 livres chacun, font, ci.. . 800

Deux prix pour les courfes, à
1,200 livres chacun, ci. 2,400

Total des dépenfes annuelles, ci. . . 24,200 liv.

Or, je le demande, cette somme eſt-elle trop forte répartie dans une province auſſi conſidérable ; la taxe ſeule ſur les chevaux la completteroit. Dans la Haute - Guienne, les fonds que fait la province pour l'entretien de ſes étalons, ſont de 18,000 liv. & dans beaucoup d'autres endroits cette ſomme ſurpaſſe ; aſſurément on n'y entretient pas trente chevaux entiers, & on ne donne aucun prix.

2°. Leur logement ne coûtera rien, puiſqu'ils ſeront dépoſés au manège (1). L'écuyer les y employant hors le tems de la ſaillie, aura par ce ſervice des honoraires proportionnés à ſes ſoins. Je ne parle point des appointemens des inſpecteurs, puiſque les fonds en ſont faits; & ſuppoſé que les écuyers des académies ne puiſſent pas ſe charger des étalons, ou qu'il y eut des inconvéniens à les dépoſer chez eux; alors il faudroit les mettre ſous la direction de l'inſpecteur particulier , & conſtruire un lieu

---

(1) Dans les capitales où il n'y a point d'académie fondée, il eſt à deſirer qu'on y en établiſſe une. La nobleſſe ſeroit alors élevée ſous les yeux de ſes parens, & l'argent qu'elle porte hors de la province y reſteroit & tourneroit à ſon profit. Les particuliers qui ne ſont point aſſez riches pour faire la dépenſe d'une éducation étrangère, toujours fort diſpendieuſe, mais qui le ſont aſſez pour payer les frais d'académie, ne ſévreroient plus leurs enfans du précieux avantage d'aller au manège.

convenable,

convenable. C'est un objet peu difpendieux; l'édifice confiftant en deux ou trois écuries, magafin à
foin, à paille, grenier pour l'avoine, logement
pour l'infpecteur, palefreniers & autres employés au
fervice. Je ne porte pas cette depenfe en ligne de
compte, parce que c'eft un objet ftable & fixe, &
que tout ce qui eft d'une utilité auffi grande, doit
être fupporté par la capitale de la province; il en
eft de cet édifice comme d'une falle de fpectacle,
utile à tous les citoyens, & même plus avantageux,
difons-le; puifque l'abondance des beaux chevaux
donne de la facilité à s'en procurer, & qu'alors
chacun peut jouir de l'exercice de l'équitation, exercice qui donne une nouvelle énergie à l'ame, fortifie le corps, & fourniffant à la nature les moyens
de vaincre les obftacles qu'elle a à combattre, entretient la fanté (1). Il n'eft point d'exercice plus

____

(1) Le mouvement & l'exercice du cheval contribuent
à la confervation de la fanté en excitant la digeftion,
ranimant les efprits. Ses effets font merveilleux & prefque
incroyables dans la cure des maladies chroniques qui
affectent la poitrine & le bas ventre; ils produifent le
plus grand bien aux hypocondriaques; fuffifent même pour
guérir les vapeurs : auffi *Hypocrate, Galien, Plempius,
Avicene, Celfe, Rivinus, Sthal, Jonfthon, Nenter,
Baglivi, Boerrhave, Mercator, Hoffman, Sydhenham,
Wans-vieten*, & autres célèbres médecins; *Socrate, Pla-*

E

propre à ranimer les plus foibles conftitutions, tant de l'un que de l'autre fexe; c'eft le feul delaffement fans moleffe, le feul qui donne un plaifir agreable & même vif, fans langueur & fans fatiété; & fi c'eft jouir de fon exiftence que de monter & exercer un cheval, c'eft la doubler que d'en monter un noble & brillant, de le favoir bien conduire & de le foumettre à toutes fes volontes en toutes circonftances.

L'achat des etalons eft une dépenfe auffi utile, auffi lucrative aux provinces que la confection d'une grande route, que la conftruction d'un canal. Dut-on fe procurer les fonds néceffaires à la charge des taillables, ils en fuppetteront les frais avec

---

ton, *Pline*, &c. s'accordent tous à le regarder comme un des remèdes les plus efficaces de la médecine, dont les effets font les plus certains, & comme le moyen le plus affuré de parvenir à une vieilleffe longue & heureufe. Voyez encore *Mercurial artis Gymnaficæ apud antiquos*, &c. *Venetiis, apud Juntas*, 1569, *in-4.* — *Fuller Medica Gymnaftica*; *or, a treatife concerning the power of efercife, with refpect to the animal œconomy and the great neceffity of in the cure of feveral diftempers; the fixth edit. London*, 1728; & fur-tout *Saggio medico fifico intorno ai favorelli effeti che l'efercizie del cavalcare produce nel corpo umano, del dottor Filippo Baldini*, 2.ᵉ *edit. in-8°, in Napoly*, 1780.

plaisir, & avec moins de gêne qu'ils ne supportoient les corvées pour les grands chemins; ce sont des avances que l'on fait pour en tirer dans la suite une valeur centuple ; c'est une amélioration , un agrandissement dans l'espèce des chevaux , conséquemment dans les productions territoriales.

L'achat de 30 étalons à 2,000 livres l'un dans l'autre , se monte à 60,000 livres. La répartition du sou pour livre , que j'ai demandé qu'on imposât sur les taillables , fournira aisément chaque année 20 ou 30,000 livres ; ainsi , au bout de deux ou trois ans, la somme sera parfaite ; & suppose qu'on ne voulut faire l'achat qu'en plusieurs années , pour que l'imposition fut encore plus modique , il suffiroit d'acheter, chaque année, 8 ou 10 étalons. Il reste encore le produit de l'impôt sur les chevaux étrangers, dont on pourroit s'aider pour cet achat ; mais comme il est à souhaiter que cet impôt devienne nul , je ne le porte point en recette annuelle, je le laisse pour les frais extraordinaires de régie.

Frais du Haras fixe.

Les dépenses pour le haras fixe, consistent dans l'achat des jumens , le loyer des pâturages, les gages des palefreniers , & gardiens des parcs où

font les jumens & les poulains, les frais des hangards, brouettes, charrettes néceſſaires au tranfport des fumiers ; tous petits objets qu'il feroit
facile d'evaluer en detail, mais qu'il feroit trop
minutieux de faire. Ainſi, fuppoſons 50 jumens
fervies par les 20 plus beaux étalons de la province, faiſons le calcul de la population en fuivant
exactement les races & les réfultats , & nous ver-
rons qu'on trouvera, dans le produit même du
haras , les fonds néceſſaires pour rembourfer le
capital de l'achat des jumens & des autres frais, &
ceux néceſſaires au remplacement des étalons &
des jumens. Suppoſons un terme de dix ans, parce
que dans tout calcul il faut un terme donné, &
que c'eſt celui que j'ai demandé pour faire faire le
fervice *gratis* aux étalons ; quoique court, il eſt
fuffiſant pour changer la race, pour garnir la province, & former memé, s'il en étoit befoin, un
nouvel haras.

1788. Vingt étalons employés au fervice des jumens, & leurs productions évaluées au plus bas ;
en conféquence, on fuppofé que chacun en donne
feulement 12 par an, avec les jumens publiques ,
& une avec les jumens du haras fixe.

En multipliant 20 par 12 , on aura 240 productions ; dans 240 la moitié fera male , l'autre
femelle. L'expérience ayant prouvé que le nombre

des fexes étoit à-peu-près au pair dans les naiſfances (1), on aura donc 120 poulains & 120 pouliches.

Mais je ſuppofe un tiers de perte de ces mêmes productions, il ne reſtera donc que 80 mâles & 80 femelles.

De ces 80 mâles, parvenus à l'âge de 5 ans, on n'en compte qu'un cinquième qui mérite de fervir à titre d'étalons. Le cinquième de 80 eſt 16.
1793. Ce qui fera dès-lors 16 étalons de bonne race dans la province ; ainſi il y aura dans la ſixième année de ce travail un nombre de 80 étalons.

Diminuons-en 4 par an , attendu la perte des premiers chevaux donnés, & même encore de ceux qu'ils auront produits, il reſtera, pour total d'étalons qu'on aura pu choiſir dans les poulains iſſus des jumens appartenant aux particuliers, 60 étalons.

Si l'on pouffe ce calcul juſques à la dixième année, en arbitrant la ſuppreffion de 4 par année;

____

(1) Selon une obfervation faite dans le haras royal de Chivaffo, appartenant au roi de Sardaigne, les accouplemens inceftueux produifent plus de femelles que do mâles. (Voyez *Trattato delle razze dé cavalli di Gioanni Brugnone*, in-8°. *Torrino*, 1781, page 242 & 243.

des 20 premieres têtes achetées par la province, qui ont fait gratuitement le service, on aura, la dixième année, 100 étalons.

Quant à la population des pouliches, chaque année en donnant 80, on en auroit 400 en 1793, & au bout de dix ans 800 ; reste à calculer le commun des poulains.

En 1789, on avoit 80 mâles, 16 ont été pris pour étalons ; il en reste donc 64 : or, 64 fois 5 font 320 ; ainsi, au bout de cinq années,

on aura. . . . . 60 étalons.

320 poulains.

400 pouliches.

Total. 780

Et si l'on arbitroit les productions à 18 au lieu de 12 , comme je l'ai fait, on auroit, en communes productions, au bout de cinq ans , 1,200.

De plus, 60 étalons donneront chaque année, en leur supposant 12 productions, 720 poulains ou pouliches ; ce qui produira, au bout de dix ans, un nombre de 7,200, qui sera répandu dans la province ; & si l'on arbitroit à 18, ils en produiroient par an 1,080 , ce qui feroit, la dixième année, 10,800 productions, tant de l'une que de l'autre espèce. Or, je demande maintenant si cette quan-

tité de chevaux , que la province auroit acquis, &
sur-tout de chevaux de la bonne espéce, ne la dé-
dommageroit pas de ses avances faites pour se les
procurer. Supposez seulement une augmentation de
50 livres dans le prix de chaque cheval , voilà un
accroissement de 350 ou de 550,000 livres dans
le produit de dix années.

. Jetons un coup-d'œil à présent sur le résultat des
50 jumens étrangères renfermées dans le haras, &
couvertes par les 20 étalons.

Elles donneront 50 poulains , dont la moitié
mâle & l'autre femelle. Mais je suppose un tiers
de perte , il restera 34, dont 17 poulains & autant de pouliches. Comme elles ne porteront que
tous les deux ans , au bout de la sixième année
il y aura 86 productions, dont 43 mâles & 43
femelles.

La sixième année, les 17 pouliches , venues les
premières au monde , donneront 17 poulains. En
ôtant un tiers de perte, reste 12. La huitième année, les 17 autres pouliches fourniront également
leurs 12 poulains. Ainsi, l'on aura les 46 pouliches
issues dans les premiers cinq ans, les 6 pouliches
nées dans la septième, & les 6 produites dans la
huitième. Ce qui fera un total de 58 femelles,
dont 34 déjà poulinières; & si l'on pousse le calcul
jusqu'à dix ans , le haras se trouvera garni de

160 jumens (sans compter les 50 premières ju-mens) dont 96 seront en état de produire.

Au bout de cinq ans, il y aura 43 mâles ; la sixième année, il faut y ajouter 6, moitié des 12 poulains produits par les 17 jeunes pouliches ; la septième année, le même nombre est encore à ajouter ; ainsi l'on aura alors 55 mâles, dont 17 seront en état de servir d'étalons. La huitième an-née, on aura 78 mâles, dont 34 étalons ; enfin, la dixième année, le haras aura vu naître 160 chevaux, dont 50 pourront déjà être employés à saillir.

Ainsi, au bout de dix ans, il y aura en tout, provenus du haras, 320 têtes, dont

TOTAL 320.

- 17 mâles. / 17 femelles. } âgés de 9 ans, nés en 1789.
- 17 mâles. / 17 femelles. } âgés de 7 ans, nés en 1791.
- 17 mâles. / 17 femelles. } âgés de 5 ans, nés en 1793.
- 6 poulains. / 6 pouliches. } âgés de 4 ans, nés en 1794.
- 23 poulains. / 23 pouliches. } âgés de 3 ans, nés en 1795.
- 12 poulains. / 12 pouliches. } âgés de 2 ans, nés en 1796.
- 36 poulains. / 36 pouliches. } âgés d'un an, nés en 1797.
- 32 poulains. / 32 pouliches. } qui viennent de naître, en 1798.

Évaluons, au plus bas prix, ces productions, qui feront de la plus belle espèce.

Les 34 mâles & femelles , âgés de 9 ans, à 40 louis d'or l'un dans l'autre , fait, ci. . . . . 1,360 louis.

Les 34, âgés de 7 ans, à 50 louis, ci. 1,700

Les 24, âgés de 5 ans, à 40 louis, ci. 1,360

Les 12, âgés de 4 ans, à 30 louis, ci. 360

Les 46, âgés de 3 ans, à 20 louis, ci. 920

Les 24, âgés de 2 ans, à 15 louis, ci. 360

Les 72, âgés d'un an , à 10 louis, ci. 720

Les 64, qui tettent , ou qui font au fevrage , cinq louis , ci. 320

Total. . . . . 6,100 louis,

Qui font la somme de 146,400 livres: or, suppofons que les 50 jumens aient coûté chacune, l'une

dans l'autre, 800 livres, la somme
d'achat monte à . . . . 40,000 livres.

Suppofons le loyer du parc à
raifon de 6,000 livres par an;
pour dix ans, fait. 60,000

Pour fourrages, & autres nour-
ritures d'hiver, à 2,000 livres. . . 20,000

Pour autres menus frais, mettons la fomme de 15,000

Le tout monte à . . . . . 135,000 livres.

Otons cette fomme de celle de 146,400 livres,
il reftera la fomme de 11,400 livres de bénéfice,
outre celui de la valeur des 50 premières jumens,
que je n'ai point comprifes dans le calcul; & comme
je n'ai arbitré les productions qu'en fuppofant toujours un tiers de perte; qu'il eft poffible qu'elle
foit moindre; on voit que le profit eft bien plus
confidérable; mais j'ai voulu le fixer au plus bas,
& porter les dépenfes au plus haut, pour rendre
mon hypothèfe plus fenfible. Dans mon évaluation,
les chevaux ne font, l'un dans l'autre, qu'à raifon
de 307 liv. 5 f. Quelle modicité pour des productions de *races pures* ! Et ne reftat-il aucun bénéfice à la province; n'aura-t-elle pas fait une excel-

lente fpéculation dans l'établiſſement de ce haras,
en ſe fourniſſant d'efpèces d'une qualité ſupérieure,
& gardant dans ſes mains une ſomme qu'elle auroit dû donner à l'étranger? L'on ranime le labou-
rage, le commerce, la circulation dont le fonds
s'accroît toujours à raiſon de ſon mouvement, &
qui, facilitant le paiement des charges, entretient
& augmente le bonheur des peuples. Dans dix ans,
la France trouveroit dans ſes établiſſemens un fonds
inépuiſable de chevaux, & le gouvernement, aſſuré
de ces reſſources, ne ſeroit point embarraſſé pour
réparer les pertes que la plus longue guerre cau-
ſeroit, parce que, quelque longue qu'on la ſuppoſe,
elle ne pourroit jamais épuiſer ces établiſſemens.
Au lieu que, dans l'état actuel, tout eſt enlevé
dans la première campagne, & par-là nos haras ſe
détruiſent eux-mêmes.

Fin de la première Partie.

DEUXIÈME PARTIE.

ÉLITE DES ÉTALONS.

CHAPITRE PREMIER.

Les chevaux du midi sont, sans contestation, ceux qu'on doit préférer pour étalons; les Arabes, les Persans, les Tartares, les Turcs, les Barbes, les Espagnols, les Napolitains, les Polésinés, sont les meilleurs & les plus propres à notre climat.

PREMIÈRE SECTION.

Chevaux Arabes.

L'habileté avec laquelle les Arabes ont su politiquement fonder la noblesse & les titres de leurs chevaux sur l'ancienneté des races, l'attention exacte qu'ils ont eue à la réciprocité des qualités & des formes dans les accouplemens, la sévérité qu'ils ont apportée dans la proscription de toute mésalliance, la loi qu'ils se sont rigoureusement imposée de ne permettre aucune copulation incestueuse, & d'éloigner à l'infini les degrés de consanguinité, pour ne pas accroître dans les générations subséquentes d'une même famille, les vices & les défauts des premieres, ont conservé dans toute sa pureté une espèce qui, née sous un ciel formé pour elle, a été & est encore la souche des chevaux les plus précieux que nous connoissons, & même le type de toutes les espèces (ce qui sera prouvé dans un ouvrage dont je m'occupe, & qui aura pour titre, *Notions sur les chevaux, &c.*). Mais comme il faudroit aller jusques à Bagdad pour s'en procurer de ceux qui sont de race noble & pure des deux parts, & nommée *khaillan* par les Arabes; la longueur, les dangers de la marche, l'énormité des frais, sont autant d'obstacles qui arretent; d'ailleurs il est difficile de porter ces peuples, quelque appat qu'on leur offre, à vendre à l'étranger des chevaux de cette race véritablement noble & jamais souillée, & il est comme impossible d'obtenir d'eux des jumens de cette extraction, dont ils font encore plus de cas que des mâles; on est donc limité à s'en tenir aux chevaux arabes, qu'on trouve dans la Turquie d'Europe, & ces chevaux ne sont que des *hatiks*, c'est-à-dire, des chevaux sortis de race noble, mais souillée par des mésalliances ; heureux encore quand on trouve de ceux-là. Car il est certain qu'en apportant quelques connoissances dans le choix, on en rencontre de beaux & d'excellens ; mais souvent aussi on n'a que des *kué-dichs*, c'est-à-dire des chevaux communs qui, dégénérant toujours dans leur lieu natal, dégénéreroient davantage dans nos climats. Ainsi, d'une part, il y a mille difficultés, & de l'autre, beaucoup d'incertitude sur la pureté de l'origine. Il est tout aussi difficile & incertain de s'en procurer par la voie des Anglois, comme on le verra à l'article des chevaux de cette nation ; ainsi je conclus qu'il faut renoncer à avoir des étalons arabes, à moins que le gouvernement, ou une souscription de particuliers, ne fassent pour cela les sacrifices nécessaires.

DEUXIÈME SECTION.

Chevaux de Perse.

Les chevaux persans sont, après les arabes, les plus beaux & les meilleurs de l'univers ; ceux qui sont élevés dans les plaines de Médie, de Persepolis, de Derbent, de Bedacham, sont excellens. La taille en est médiocre, mais la figure agréable ; la tête en est légère, les oreilles bien faites & bien plantées; l'encolure fine, le poitrail étroit; la croupe en est belle; leurs jambes ont peu de canon, mais la force du tendon y supplée; la corne en est dure. Ces chevaux sont dociles, vifs, pleins d'agilité & de courage & capables de supporter une grande fatigue, courant très-rapidement, & d'un pas très-sûr dans les mauvais terreins; enfin, cette race précieuse tient beaucoup des qualités morales & physiques des chevaux arabes, dont elle vient. On transporte beaucoup de chevaux de Perse en Turquie, & on pourroit en tirer de Constantinople avec assez de facilité & à un prix raisonnable.

TROISIÈME SECTION.

Chevaux Tartares.

Il y a peut-être plus de chevaux en Tartarie qu'en aucun autre pays du monde. Ces peuples, comme les Arabes, se font une habitude de vivre avec leurs chevaux; ils s'en occupent continuellement, mettent de la gloire à en avoir de bons, & les dressent avec tant d'art, qu'il semble que ces animaux n'aient qu'un même esprit avec ceux qui les manient.

Comme les Tartares font divifés en plufieurs hordes qui occupent un pays immenfe, leurs chevaux diffèrent entr'eux. Voici les nuances de ceux que j'ai connus.

Les chevaux des Tartares *Ufbeks*, font d'une taille ordinaire, ont l'ongle fort dur, mais trop étroit, l'encolure longue & roide, & les jambes trop hautes; ils n'ont ni croupe, ni ventre, ni poitrail, ont la queue implantée fort bas, font d'une maigreur effrayante; mais fiers, ardens, pleins de courage, de legèreté, infatigables, fobres & capables de la plus longue abftinence.

Les chevaux des *Calmouks* font plus grands que ceux des *Ufbeks*, mais auffi forts, auffi vigoureux, & d'auffi bonne haleine. Ceux des *Nogaïs* font plus petits, mais excellens coureurs, capables du plus grand travail & de la plus longue traite. La plupart des chevaux tartares font marqués fur la cuiffe, ont les nafeaux fendus, ainfi que les oreilles. On leur fend les nazeaux dans l'intention de leur faciliter la refpiration. Je ne puis deviner pourquoi on leur fend les oreilles : les Tartares, à qui j'en ai demandé la caufe, m'ont répondu que c'étoit la coutume du pays.

Les *Calmouks* font avec Oremborrg un commerce de chevaux que l'on conduit annuellement

de-là

delà au centre de l'Empire Russe; il seroit donc
aisé de s'en procurer par ce canal. Il ne seroit pas
plus difficile d'avoir, par la voie de la Pologne, &c.
des chevaux de la *Crimée* du *Kuban*, très-ressem-
blans à ceux de la Grande Tartarie, & qui en ont
toutes les bonnes qualités. Ces chevaux, tant des
grands que des petits Tartares, sont à si bon
compte dans le pays, que les frais de voyage & de
transport se récupéreroient sur ceux d'achat.

QUATRIÈME SECTION.

Chevaux de Turquie.

Le cheval turc est originaire arabe, persan,
tartare, & tient en général de la tournure des
races dont il est issu. En apportant des connoissances & des lumières dans le choix, on distingue le
tronc dont il est sorti. Communément le cheval
turc a l'encolure effilée, le corps trop long, les
reins trop élevés, la jambe un peu menue, & il
manque de croupe. Les chevaux turcs ont presque
tous des crinières longues & pendantes au-dessous
du genou, la queue bien fournie & fort longue;
sont vifs, fringans, courageux, intrépides, de
bonne haleine, forts, vigoureux, sains & nets dans
tous leurs membres. Ils vivent long-tems, & c'est

F

d'eux que l'on peut dire qu'*ils meurent sans vieillir.*

Cinquième Section.

Chevaux Barbes.

Les chevaux barbes ont l'encolure longue, fine, peu chargée de crins, & bien sortie du garot ; la tête belle, petite ; les yeux vifs, bien ouverts ; l'oreille bien faite & bien située ; les épaules légères & plattes, mais trop serrées ; les reins courts & droits ; les côtes bien tournées, la croupe un peu longue & la queue attachée un peu haut ; la cuisse bien formée ; les jambes admirables & le tendon bien détaché ; ils ont presque tous le défaut d'avoir le paturon trop long. Ils sont pleins de nerf, d'haleine, de courage, d'agilité, de bonne mémoire & de docilité ; mais ils demandent patience & douceur, sans quoi ils deviennent d'une humeur brusque & rebutante. Ces chevaux sont si courageux à la guerre, que, quoique grièvement blessés, ils agissent tant qu'ils ont une goutte de sang dans les veines, & jusques à ce qu'ils expirent sous leur cavalier ; il faut avoir attention de les choisir de la grande taille, point trop haut montés sur jambes, ni long-jointés, & les tirer, s'il eſt poſſible, des royaumes de Maroc ou de Fez ; ce ſont les meilleurs (1).

Il eſt rare de trouver en France des barbes de la belle eſpèce, parce qu'ils ſont amenés par des perſonnes qui ont mis peu ou point de connoiſ-ſances dans le choix, & que ces chevaux n'ont d'autre qualité que celle de venir de Barbarie ; ils ſont tous fluets & minces ; à ces défauts on y joint celui de leur donner des jumens trop étoffées ; en-ſuite on s'écrie qu'ils ne ſont rien qui vaille ; on eſt étonné de trouver dans leurs productions de grands

---

(1) Dans le *Dictionnaire vétérinaire & des animaux domeſtiques*, on lit, au mot *barbe*, (cheval) : « Par » barbe on entend au manège un cheval qui a la taille » menue & les jambes déchargées » : de façon que ſelon cette définition tout cheval fluet & lévreté eſt un cheval barbe. Falloit-il ſe donner la peine de ranger des mots par ordre alphabétique pour multiplier les erreurs ? » Les étalons de ces eſpèces de chevaux, ajoute-t-il, » conſervent leur vigueur juſques à la fin de leur vie.... » Les chevaux qui en proviennent ne ſont pas de bons » chevaux de manège, ils ſont pour l'ordinaire longs & » lâches ». Quand on n'eſt pas plus inſtruit ſur tous ces points que ne l'eſt M. *Buc'hoz*, on doit au moins citer ceux qu'on copie à tort & à travers. Si ce doc-teur agrégé de douze académies l'eût été d'une ſeule d'équitation, il n'eût pas écrit que des étalons qui ſont

chevaux montés sur des fuseaux, qui ne tiennent de leur père qu'une petite tête & des jambes trop minces, qui ne cadrent nullement avec leur corpulence; c'est dans l'ordre de la nature.

Le duc de Newcastle, qui a eu de son tems les plus beaux haras de l'Angleterre, qui a étudié, écouté la nature, qui l'a suivie à la piste pour chercher à la surprendre, à la deviner, qui n'a épargné ni or ni soins pour y réussir; M. de Garsault, qui a dirigé des haras; MM. de Saunier, de la Guerinière, qui ont été savans & instruits; M. de Buffon, ce judicieux & savant naturaliste, ont tous rendu justice aux chevaux barbes, en les regardant comme chevaux de la première qualité, dont on doit se

vigoureux toute leur vie, engendrent des chevaux lâches; puisque le cheval transmet à sa postérité ses qualités naturelles. Il n'eût pas encore confondu les chevaux arabes avec les chevaux barbes, & prononcé que les premiers étoient issus des seconds; tandis qu'il est notoire que ceux-ci tirent leur origine des chevaux arabes, qui sont la souche primitive, la souche mère de toutes les autres races. Il seroit trop long & trop ennuyeux de relever les erreurs qui sont dans ce dictionnaire, aux articles qui sont relatifs aux chevaux. (Voyez-en l'analyse). Combien le public avide de s'instruire est trompé par ces docteurs dévorés du besoin d'être auteurs !

fervir pour étalons (1). Quant à moi, j'en ai vu des merveilles. Il est vrai qu'ils étoient grands & bien conformés, & fur-tout accouplés avec des jumens qui leur étoient parfaitement appropriées. Je le répète, fi les chevaux turcs & les barbes ont fait plus de mal que de bien dans nos haras, c'est qu'ils étoient mal choifis & encore plus mal appatronés. Le cheval barbe tire fon origine du cheval arabe. Il est confirmé par l'expérience, qu'en France il procrée des individus plus grands que lui.

SIXIÈME SECTION.

Chevaux Efpagnols.

Le cheval d'Efpagne femble avoir été formé par la nature pour être le modèle de la force jointe à l'agilité. Ordinairement la tête pèche par trop de

---

(1) La plupart des coureurs qui ont couru en Angleterre, dit M. de Newcaftle, étoient iffus de race barbe & fortis des haras du chevalier *Fenuick*, qui avoit plus d'expérience touchant les coureurs que toute l'Angleterre enfemble, & il a oui dire à ce chevalier qu'un barbe, ne fût-il qu'une roffe, fera de meilleurs poulains pour la courfe qu'aucun cheval anglois, pour excellent qu'il foit. (Voyez *Nouvelle méthode de dreffer les chevaux*, &c. *Bruxelles*, 1694, *in-8* , pag. 57 *bis*).

grosseur, & souvent trop de longueur ; il en est
de même de ses oreilles, dont la difformité seroit
d'ailleurs plus sensible, si elles n'étoient aussi-bien
plantées ; l'encolure est un peu trop épaisse & chargée de crins, les reins bas & la croupe communément pointue ; le paturon un peu long, le
sabot allongé & semblable à celui du mulet ; du
reste, ses jambes sont élastiques comme des ressorts,
sa queue belle, bien garnie, & bien plantée. Il
marche fièrement, trotte de même ; est superbe en
son galop, & d'une vitesse admirable ; il est sage,
docile, sincère, noble & plein de courage. Aucun
animal de cette espèce ne comprend avec autant
de facilité, & n'exécute avec plus de justesse. L'Andaloufie est la contrée qui fournit les plus beaux & les
meilleurs ; ce sont aussi ceux qu'on recherche pour étalons dans les autres provinces d'Espagne, & qu'on
doit également préférer dans tous les haras. Il en est
encore de fort renommés dans la Murcie & dans
l'Estramadure. A l'égard de ceux qui naissent dans
le Cordouan, c'est une espèce de montagnards à
encolure très-épaisse, à corps court, à membres
bien fournis, à pieds très-beaux & très-solides,
d'une petite taille & absolument infaillibles &
infatigables.

Les chevaux d'Espagne, comparaison faite avec
d'autres chevaux, ont les testicules plus gros & plus

pendans. Le fentiment général eft que leurs poulains dégénèrent en taille, au lieu qu'un barbe fait
plus grand que lui. J'ai vu cependant plufieurs poulains, fortis de chevaux d'Efpagne, être plus
grands que leur père. M. de Newcaftle regardoit
le cheval d'Efpagne comme excellent étalon pour
toute forte d'ufage, foit pour le manège, la courfe ou
la chaffe. Le *conquéreur*, *fcholten-hering* & *butler*,
étoient, dit-il, venus de chevaux d'Efpagne, &
peacock d'une jument efpagnole, ils furent fi
fameux qu'ils gagnèrent toutes les courfes de leur
tems, fans qu'aucun autre cheval les pût égaler en
viteffe.

L'étalon efpagnol doit être grand, étoffé, mais
point trop haut fur jambes ; comme fon encolure,
ainfi que celle du barbe, diminue de groffeur à
mefure qu'il prend de l'âge, j'eftime qu'on doit
préférer dans l'un & l'autre celui qui a l'encolure
un peu épaiffe & charnue. En accouplant les chevaux d'Efpagne de la grande taille avec nos jumens
françoifes, d'une conftruction forte & diftinguée,
on formeroit une race plus parfaite que la race
danoife, parce que notre fol & notre climat nous
donnent autant d'avantage fur le Danemarck, que
le cheval d'Efpagne a de fupériorité fur celui de
France.

SEPTIÈME SECTION.

Chevaux de Naples.

Les chevaux Napolitains tiennent beaucoup des chevaux d'Espagne, par leurs mouvemens & leur air, mais nullement par leur bonté naturelle; car ils font extrêmement capricieux, opiniatres, souvent vicieux. Il faut prendre garde que l'étalon napolitain n'ait pas la tête longue ou groffe, l'oreille grande ou pendante, l'encolure épaiffe & la côte plate, défauts ordinaires de ces chevaux. Ils ne font dans leur force qu'à fix ou fept ans, réuffiffent à merveille pour en tirer race, ont le double avantage de produire des chevaux de légère taille, lorfqu'on leur donne des jumens fines, & de beaux chevaux de carroffe avec des jumens étoffees & de bonne taille; leurs productions excellent en force, en vigueur, en fermeté eu groffeur de nerfs, en féchereffe & largeur de jambes & de jarrets, en agrémens, en élévation de mouvemens, réfiftent mieux à la fatigue, & vivent plus long-temps que les meilleurs chevaux du Nord.

HUITIÈME SECTION.

Chevaux Poléſinés.

Les chevaux Poléſinés (nés dans un pays formant partie des états de Veniſe) ſont de la plus grande beauté ; l'encolure en eſt ſuperbe, la tête parfaitement bien attachée & de la plus belle coupe, le garot admirable, les épaules & toutes les parties de leur corps extrémement proportionnées, la taille très-élevée ; mais preſque tous ont les yeux petits, la côte légérement ſerrée ; leurs mouvemens ſont naturellement auſſi libres, auſſi ſouples que ceux du cheval d'Eſpagne ; ils en ont la cadence, & leurs hanches en ont le tride. Ces chevaux, joints à de belles jumens françoiſes ou danoiſes, donneroient les productions les plus rares pour le carroſſe.

NEUVIÈME SECTION.

Chevaux Cotentins.

Les chevaux du Cotentin ſont ſi excellens pour le trait, qu'il ne s'en trouve point d'auſſi parfaits dans tous les autres endroits du monde ; ils ſont plus forts & plus nerveux que ceux des pays

étrangers, ils ont un avantage fur tous les autres
chevaux de l'Europe, celui de ne jamais fe déformer quand ils font de vraie race ; il en refte encore quelques germes précieux qu'il feroit poffible
de fe procurer, & qui donneroient les meilleures
& les plus riches productions pour le carroffe, fi
on les accouploit avec de belles cavales bretones,
francs-comtoifes, &c. C'eft le cheval danois qui eft,
à ce que l'on croit, le premier principe des races co-
tentines. Quant à moi, je fuis perfuadé que c'eft plutôt à des étalons efpagnols qu'on en eft redevable.

DIXIÈME SECTION.

Voilà les feuls chevaux dont je defirerois qu'on
fe fervît pour étalons en France ; rejetant totalement tous ceux des pays du nord, tels que danois,
holftenois, hollandois, frifons, &c. parce que lorfqu'on joint enfemble des animaux pour en tirer
une belle race, il faut qu'il y ait entr'eux com-
penfation de défauts, de nourriture, d'influence de
climat, &c. ; qu'elle n'eft point affez marquée dans
des étalons venus du nord où les végétaux & le climat font, à peu de chofe près, égaux à ceux de
notre fol ; où les défauts, les vices font femblables
à ceux dont nos chevaux font infectés, & qui ne
peuvent conféquemment que fouiller nos haras,

& perpétuer ce qu'il faut détruire. Je donne également l'exclufion aux chevaux Anglois, parce qu'il n'eft pas vraifemblable que ces infulaires nous en livreront d'une race & d'un fang véritablement purs ; & qu'ils ne nous donneront que des chevaux dégénérés qui ne vaudront rien pour la propagation. Ceci a l'air d'un paradoxe ; mais ce n'en eft pas moins une vérité vivement fentie par feu M. Bourgelat, & bien faite d'après les lumières & les réflexions de ce grand homme, pour nous éclairer fur cet objet & pour nous faire défifter de la manie que nous avons des étalons Anglois.

Onzieme Section.

Chevaux Anglois.

» Il n'eft pas vraifemblable que les Anglois
» nous livreront des étalons de race pure, lorf-
» qu'ils font certains que des Arabes qui leur
» coûtent mille louis, leur en rendront quelque-
» fois vingt-quatre ou vingt-cinq mille comme
» courfiers, dix ou douze mille comme étalons,
» fur-tout fi leurs productions emportent quelques
» victoires.

» Se flatteroit-on encore que ces productions
» victorieufes nous feroient vendues & cédées,

» & qu'il eſt des Anglois aſſez dupes pour préfé-
» rer douze , vingt-quatre & même quarante-huit
» mille livres de notre monnoie à cinq ou ſix
» mille guinées , que ces productions leur procu-
» reront quand elles feront deſtinées au ſervice
» des jumens ? C'eſt aſſurément ce qu'il n'eſt pas
» poſſible d'attendre d'une nation née pour tous
» les genres de ſpéculations poſſibles ; d'ailleurs ,
» plus elle eſt capable de réfléchir , plus ſon inté-
» rêt à ſe ménager des acheteurs & des conſom-
» mateurs doit lui interdire , de la maniere la plus
» abſolue , l'exportation de ſes chevaux de race.
» Autrement , elle auroit à craindre de ſe priver
» elle-même de ſes avantages ſur des voiſins , à la
» vérité bien moins ſolidement actifs qu'elle , mais
» qui , malgré leur légéreté naturelle , pourroient
» enfin ouvrir les yeux , & profiter d'une facilité
» qui les mettroit à portée de ne plus recourir à
» elle pour ſubvenir à leurs beſoins.

» .... Suppoſons à préſent que le même Arabe qui
» a donné des chevaux en Angleterre fût conduit en
» France , & deſtiné à y ſervir des cavales : il n'eſt
» pas douteux que cette nouvelle tranſplantation lui
» ſera encore plus ſenſiblement nuiſible que la
» premiere , & que ſes réſultats pourront ſe ſentir
» fortement de la double épreuve par laquelle on
» l'aura fait paſſer. L'Arabe tranſporté en droiture

» chez nous , participeroit inévitablement aussi
» d'une impression ; mais cette impression seroit
» de notre climat & moins défavorable que celle
» d'Angleterre.

» Supposons encore que les premières produc-
» tions Angloises qu'il a données nous soient trans-
» mises : certainement elles seront soumises aux
» mêmes effets, à leur arrivée en France, que le
» père lors de son arrivée en Angleterre ; & si
» l'on ajoute aux altérations visibles & marquées,
» apperçues en elles dès leur naissance, celles
» qu'elles éprouveront incontestablement de leur
» transport sous un ciel nouveau ; comment se
» persuader que la dégénération des animaux
» qu'elles produiront ne sera pas d'une prompti-
» tude extreme ? Ainsi quand après en avoir tiré
» quelques fruits, les Anglois nous céderoient un
» cheval Arabe, dejà frappé d'un changement chez
» eux , quand meme ils nous en remettroient les
» premières productions, ce qu'ils ne font & ne
» feront jamais, à moins qu'ils ne soient indignes
» de leurs origines, nous n'en recevrions qu'un
» foible secours. C'est donc une folie de chercher
» à se procurer des étalons de race pure en An-
» gleterre & un aveuglement volontaire d'espérer
» d'en avoir ». (*Journal d'Agriculture, Septembre* 1778).

DOUZIÈME SECTION.

Elite des jumens.

Il n'en eft pas des cavales comme des étalons : dans le cas où l'on n'en trouveroit pas en France d'affez fines & d'affez bien tournées pour atteindre la perfection que l'on fe propofe, il feroit avantageux d'en tirer d'Angleterre, parce qu'elles font de bonne race & très-propres à donner de bonnes productions. Les jumens Danoifes, Allemandes, Hollandoifes, &c. bien choifies, donneront auffi d'excellens réfultats & d'autant meilleurs qu'elles feront jointes avec de beaux chevaux Napolitains, Poléfinés, &c. fous un climat étranger, plus doux, plus tempéré que celui qui les aura vu naître. Les cavales Barbes, Turques, celles d'Efpagne, d'Italie ne conviennent nullement pour en tirer race en France. J'en parle par expérience ; il faudroit les accoupler avec des étalons nationaux, & on n'en a pas de propres à les appareiller ; unies avec des chevaux de leur climat, les produits dégénéreront infailliblement, & l'altération des formes dans la fucceffion des individus, fera telle que bientôt il ne reftera aucun veftige de la première, & les défauts d'origine, même les plus légers, feront, dès la feconde génération, convertis en défauts monftrueux.

CHAPITRE SECOND.

Méthode pour bien choisir les Etalons & les Jumens.

IL ne suffit pas, pour acheter un étalon ou des jumens, de savoir distinguer les défauts dont ils peuvent être tachés ; il faut, pour bien y réussir, avoir étudié l'histoire naturelle du cheval, & connoître s'il a reçu en partage les qualités qui lui sont nécessaires pour l'emploi auquel on le destine. Quoique l'étalon & la jument classés pour produire des chevaux de selle , & ceux annexés pour donner des chevaux de trait, doivent l'un & l'autre être aussi parfaits qu'il est possible ; cependant comme leur usage, leurs mouvemens, ne sont pas les mêmes , leur conformation extérieure exige des différences appropriées à cet usage. Dans la règle générale que je vais donner pour les choisir, je marquerai ces différences.

1°. Faites ensorte de voir dans l'écurie le cheval que vous desirez acheter, parce que là , n'écoutant que sa possibilité physique , il abjure toute dissimulation enseignée ; il avance tantôt un pied tantôt l'autre, ou seulement une jambe de devant, s'il les a fatiguées, foibles, à moitié ruinées ; si c'est des hanches, des jarrets dont il souffre, il avance alternativement une jambe de derrière en s'appuyant sur l'autre ; aussi les marchands ont-ils la précaution de faire claquer le fouet en entrant dans l'écurie, d'en frapper même les chevaux pour dérober ces défauts. Vous vous appercevrez encore si le cheval n'a pas la mauvaise habitude de se bercer continuellement, ou une action fréquente & réitérée de ronger la mangeoire, le ratelier, ou s'il n'appuie pas les dents sur sa longe, sur la crèche, & qu'ensuite il rote pour s'emplir de vents ; ce qui lui donne des tranchées, & souvent le jette dans l'amaigrissement. Il y a des chevaux qui *ticquent* sur l'aveine, il faut leur en donner une poignée & la leur voir manger. Quelques-uns prétendent que l'exemple du *tic* devient contagieux.

2°. Faites sortir le cheval nud avec un seul bridon & à la porte de l'écurie, afin qu'une lumière égale ne l'environne pas des deux côtés, mais que le plus grand jour le frappe dans les yeux & que l'obscurité soit derrière ; (& si c'est en pleine campagne, mettez la main au dessus de l'œil pour rabattre le grand jour, observant que ce soit à l'ombre & non au soleil), observez les

yeux

yeux, en vous attachant à l'examen des mouvemens
des prunelles, en faisant avancer & reculer infenfiblement le cheval ; la prunelle doit être fans
tache , fe refferrer toutes les fois qu'elle paffe de
l'obfcurité à la lumière , & fe dilater quand elle
paffe de la lumière à l'obfcurité ; cette méthode
eft d'autant plus fure que les mouvemens de l'iris,
ceux de dilatation & de conftriction font parfaitement fenfibles , & qu'on peut par ce moyen
obferver en même temps les divers états de la
prunelle , & décider s'ils font égaux dans les deux
yeux. Rien n'eft fi aifé que d'appercevoir les défauts de l'œil, quand on en connoit bien la ftructure ; autrement rien n'eft plus difficile ; & bien
des gens qui fe croient habiles dans cet art, y
font fouvent trompés. Les yeux doivent être fphé-
riques , brillans & prompts dans leurs mouvemens,
affez gros, à fleur de tête. Rien ne fied mieux au
cheval que lorfqu'il vous regarde fixement & avec
fierté ; c'eft toujours un figne affuré de courage
& de vivacité ; la vitre doit être claire & nette ;
fans quoi l'animal n'aura jamais la vue bonne ; dès
que la prunelle eft totalement dénuée de mouvement, le fens eft irrévocablement aboli : il faut
faire attention que les paupières fe joignent, fi
elles font fermées ; des intervalles entre elles ou
des rides font de mauvais fignes ; il eft bon auffi

G

d'obferver fi la paupière inférieure eft mince &
collée à l'os ; ou fi cet os eft enfoncé, cela dénote un œil dépourvu de nourriture & fujet aux
incommodités. La paupière fupérieure doit être
élevée & repliée fur elle-même pour laiffer dé-
couvert le globe de l'œil. Dans la belle nature, les
falières doivent être de niveau avec les fourcils,
s'il y a depreffion, elle eft quelquefois héréditaire.

Regardez dans la bouche pour reconnoître l'âge.
Faites attention fi on ne lui a point arraché les
dents de lait, afin que les dents de cheval qui
les remplacent, fortent plutôt pour lui donner la
marque d'un ou deux ans de plus qu'il n'a. Cette
tromperie fe découvre par la connoiffance des
crochets ; ne regardez pas comme une preuve que
le crochet eft prêt à fortir, une dureté que les
maquignons ont fait venir, en frappant fur la
gencive à l'endroit où il doit percer. Avec un
peu de foin, vous découvrirez encore fi c'eft un
vieux cheval *contre-marqué*. Le creux qu'on lui
aura fait dans les dents avec un burin, noirci
enfuite par un grain de bled, qui y a été brûlé
avec un fer chaud, n'eft jamais bien fait & eft plus
noir que le naturel ; les environs du trou paroiffent plus bruns, fur-tout fi on nettoie les parties
de l'écume excitée par la mie de pain, féchée &
pilée avec du fel, qu'on a attention de mettre

dans la bouche de l'animal, à l'effet de mieux déguiser la fraude. En fermant la bouche du cheval, vous verrez si les dents ont été raccourcies ; dans ce cas elles ne pourront se joindre, parce que les machelières, qu'on n'aura pu limer, les en empêcheront. Observez d'ailleurs le palais du cheval ; s'il a passé huit ans, il sera retiré & manquera de ce saillant, de ce velouté, qui ne se trouvent que dans la bouche des jeunes animaux. Il y a des jumens qui, comme les chevaux, sont pourvues de crochets, & qu'à cause de cela on appelle *bréhaignes* ; les uns les excluent du haras, les autres les préfèrent. Ces opinions opposées ne sont pas propres à concilier les esprits sur des points de fait ; rapportons-nous-en donc aux leçons de l'expérience qui nous déclarent qu'elles ne valent ni plus ni moins que celles qui n'ont que trente-six dents. En même temps, passez les doigts sur les barres pour sentir si elles ne sont point ou trop rondes ou trop tranchantes ; défaut que l'étalon transmet à sa postérité, & qui est un grand inconvénient pour les chevaux fins. Vous verrez aussi si on ne lui a pas coupé la langue.

3°. (Considérez le cheval dans son ensemble, en station sur une surface plane, pour saisir avec justesse les rapports qui règnent entre ses parties).

Chaque partie doit néceffairement correfpondre à celles avec lefquelles elles forment un tout, & leur être exactement proportionnée. Lorfque les jambes font trop longues ou trop courtes, trop épaiffes ou trop greles ; lorfque la briéveté, la longueur ou le poids de la tête déforment l'encolure ; lorfque l'encolure ne tombe pas au milieu des épaules, lorfque celles-ci font trop volumineufes, que le poitrail eft très-faillant ou trop renfoncé, que le corps a trop ou trop peu d'étoffe & de longueur ; les forces étant trop inégalement réparties, forceront le cheval de démentir à chaque pas fa bonne volonté.

(*Voyez la fig.*). Un cheval de *carroffe* bien proportionné doit former un quarré parfait, c'eft-à-dire, que la ligne *EE*, qui s'étend depuis le garot jufques au fol, laquelle vient fe terminer à la pointe du talon, doit être égale à la ligne *FF*, que l'on tire de la pointe de l'épaule à celle de la feffe. Un cheval de *felle* bien conftruit formera un rectangle dont la bafe feroit d'un dixième plus long que la hauteur ; conftruction néceffaire tant pour la liberté des épaules que pour la douceur des mouvemens. La *tête* de l'un & de l'autre doit être placée obliquement, femblable à la diagonale d'un rectangle dont la hauteur feroit une fois & demie plus grande que la bafe. L'un des grands côtés du rec-

tangle fera dans la direction d'une verticale tirée du fommet du toupet pris derrière les oreilles & paffant derrière la ganache, & l'autre grand côté fera tangent au bout du nez. L'un des petits côtés fera dans la direction d'une ligne partant de l'extrémité de la lèvre antérieure, & paffant par le fommet du garot & de la croupe, & l'autre côté fera dans la direction d'une horifontale·tangente au fommet de la tête.

Voilà le cheval en bloc, tel qu'il fort des mains de la belle nature, & les règles de proportion qui peuvent être appliquées à tous les chevaux de quelque pays qu'ils foient, parce que, quoiqu'ils tiennent toujours des caractères particuliers des contrées où ils font nés, leur efpèce ne fait que varier dans fes nuances, mais elle ne change pas. Procédons à quelques détails.

La tête du cheval de trait doit être plus forte que celle du cheval de felle, attendu que par fon poids, elle augmente la maffe qui détermine pour la plus grande partie, les colonnes du cheval à fe mouvoir, & produit une plus grande quantité de mouvement. Qu'on examine le cheval en action de tirer, il fe baiffe le plus qu'il peut, tant pour augmenter le bras du lévier de fa maffe, que pour diminuer celui de la refiftance. Quant à la force des mufcles, elle ne fert qu'à pouffer la maffe en avant, plus ou moins vigoureufement. Ainfi c'eft la pefanteur ou partie de la pefanteur de la maffe du cheval qui fait la traction. Le jeu & la force des mufcles en font la continuité. Mais dans un cheval de felle, le volume de la tête, bien loin de devenir effentiel, devient, pour ainfi dire, nuifible, vu qu'il oppoferoit de la réfiftance aux mufcles du dos, qui agiffent les premiers dans le galop. Ainfi toute groffe tête fait, par fon propre poids, pefer le cheval à la main, le rend lourd dans fa démarche & fatigue les jambes de devant; ceux qui l'ont graffe, chargée de chair, font de plus fujets aux fluxions. On doit donc défirer que, dans le cheval de trait, comme dans celui de monture, la tête foit fèche, même fans être trop longue ni décharnée; que les *oreilles* foient petites & bien placées; la *nuque* un peu élevée & arrondie, afin que la tête du cheval partant immédiatement du fommet de l'encolure, n'ait pas l'air d'en dépendre & faire partie, en ait plus de grace, & foit ce qu'on appelle *bien attachée*. Le *front* fera proportionné au volume de la tête, nullement concave, mais au moins plat, s'il n'eft pas un peu convexe. Cette dernière conformation eft agréable, & peut être regardée comme celle de la nature. Les *nafeaux* doivent être bien ouverts & leur intérieur tapiffé d'une couleur vive & vermeille, fans ulcère ni excroiffance qu'on nomme *polype*. Appercevez-vous dans l'animal une refpiration difficile ? portez la main à l'orifice des cavités nafales, & felon l'amplitude du polype, vous fentirez fi l'une d'elles ne laiffe échapper qu'une petite portion d'air ou n'en fournit point du tout. Le *bout du nez* fera bien conformé s'il eft petit. La *bouche* doit être médiocrement fendue : les *lèvres* menues, fans largeur ni moleffe ; la fupérieure placée en avant & un peu arrondie ; l'inférieure trouffée & non pendante, défaut qui fe communique ; la *ganache* ne fera pas chargée de chair.

L'encolure donne à l'animal, dans fon avant-main, de la nobleffe & de l'agrément ; fa bonne ou mauvaife conformation décide auffi en partie des qualités qu'on recherche en lui ; il eft important qu'elle ne foit ni trop longue ni trop courte, ni trop grèle, ni trop charnue, mais proportionnée à la taille du cheval. La partie fupérieure, d'où fort la crinière, doit s'élever d'abord en ligne droite en fortant du garot, & aller en diminuant peu-à-peu d'épaiffeur jufqu'à la tête, fe contournant à-peu-près comme le cou du cigne. La partie inférieure vulgairement appelée le *gofier*, ne doit former aucune courbure, il faut que fa direction foit en ligne droite depuis le poitrail jufques à la ganache & un peu en talus. Dans le cheval de trait, il eſt à déſirer que l'encolure ſoit un peu plus fournie & un peu plus allongée, afin de former le centre de gravité dans les mouvemens en avant.

Quand un cheval eſt vraiment bien proportionné dans ſon extérieur, ſes membres ſont parfaitement d'*aplomb*. L'*aplomb* eſt d'autant plus important dans les membres du cheval, que l'animal ne ſauroit avoir ni toute la ſtabilité ni toute la force dont il doit être pourvu, ni la facilité ni la ſureté néceſſaires dans l'action, ſi cet aplomb n'exiſtoit pas. Pour le vérifier, on doit voir le cheval de profil ſur un terrein plat & bien uni, tel qu'il eſt repréſenté dans la planche.

Le cheval étant élevé ſur quatre jambes iſolées à quatre aplombs. La première perpendiculaire *A B*, tirée de la ſommité de l'avant-bras à terre, doit paſſer au coude, partager également la largeur du canon, & ſortir au bas du fanon pour s'arrêter au milieu du talon de devant. La ſeconde verticale *C D*, celle de l'arrière-main, doit partir de l'articulation de la cuiſſe, couper en deux le plat du jarret, toucher l'extrémité du fanon, en aboutiſſant au niveau du talon de derrière.

Voilà les vraies lignes d'aplomb qui nous aſſurent de la ſtabilité certaine de l'animal, parce que dèslors les pièces de chaque colonne portant exactement les unes sur les autres, le poids qu'elles soutiennent, se trouve également réparti sur la base ou le pied. L'obliquité des jambes de devant met toujours le cheval sur le penchant de sa chûte, elle accroit le fardeau dont elles sont chargées & les privent de la force dont elles auroient besoin pour le supporter. Si l'inclinaison est en avant, le pied porte plus sur le talon, & la jambe embrassant moins de terrein à chaque foulée, la marche en est plus raccourcie ; si l'inclinaison est en arrière, elle oblige le cheval à une flexion plus grande, plus laborieuse du genou pour la levée de la jambe.

Si le cheval gauchit dans les perpendiculaires de l'arrière-main, le fardeau écrasera les jarrets sur lesquels il portera plus sensiblement & les ruinera bientôt. La ligne est-elle trop en avant ! les jarrets sont dans un état de flexion constante qui leur ôte toute liberté, & la corde tendineuse qui est dans une extension continue devient la proie d'une multitude de maux. Les pieds postérieurs étant trop en avant & trop près par conséquent de la ligne de direction du centre de gravité, leur percussion très-limitée à raison des détentes, opère plutôt l'élévation de la masse que sa progression qui se trouve très-raccourcie. Si la pince est trop en arrière de la verticale, les extrémités ne pouvant s'approcher assez de la ligne du centre de gravité,

& ne s'effectuant que de la perpendiculaire en arrière, l'animal ne pourra marcher ni courir dans la même force, ni dans la même vîteffe qu'il feroit s'il étoit dans fon jufte aplomb.

La vérité des aplombs ne fuffit pas encore. Confidérez fucceffivement d'un coup d'œil toutes les parties des extrémités, revenez au total de chacune, examinez enfuite celles de l'avant-main, du corps, de l'arrière-main, comparez encore le tout enfemble : telle eft la route que vos yeux doivent fuivre. S'ils font attentifs & non prévenus, rien ne leur fera illufion : ils découvriront les défauts de la correfpondance des parties entr'elles & avec le tout; c'eft à la main à dévoiler ceux qui font cachés fous la peau.

4°. On paffe la main au deffus de la tête entre les deux oreilles pour fentir s'il n'y a pas de couture qui dénote qu'on les a rapprochées. Le deffous de la ganache doit être bien évidé, uni dans toute fon étendue, & dégagé de tout corps ou glandes tuméfiées. On parcourt les épaules, les jambes, afin de découvrir les tares qui peuvent y exifter. La perfection des épaules eft très-effentielle & de la plus grande importance, on ne fauroit trop la rechercher ; elles doivent être plates & déchargées de chair. L'*épaule* eft toujours telle lorfque fon bord extérieur fe confond & fe perd avec l'épaiffeur de l'encolure. Sa partie fupérieure doit auffi fe perdre infenfiblement avec le garot ; elles feront un peu plus rondes & charnues dans le cheval de trait ; le *poitrail* fera proportionné, mais plus ouvert aux jumens qu'aux chevaux ; un beau poitrail eft celui qui eft bien à fon aife entre les deux épaules & quand les jambes de devant font éloignées d'une diftance raifonnable par en haut. Le *bras* doit être à proportion de l'épaule, fourni de mufcles confidérables & bien prononcés. L'*avant-bras* fera charnu, nerveux, d'une longueur proportionnée. Le *coude* fera bien conformé s'il fe détache de la poitrine, n'eft point court, ni trop ferré, ni trop en dehors. L'une & l'autre de ces imperfections met le cheval hors du degré & du point de force dans lequel il doit être. Le *genou* large & fec, de façon qu'on y diftingue, pour ainfi dire, les os qui le compofent. Quand il eft gras, fes mouvemens font durs & peu élevés. Les *jambes* feront larges, plates, féches & dépourvues de longs poils, fans molettes, furos (1), &c. Le *tendon*

---

(1) M. Buc'hoz dit, au mot *cheval*, dans fon Diction-naire vétérinaire, qu'on ne doit pas faire attention aux *furos*. Peu d'accord avec ce médecin écuyer, je dis qu'on

gros & ferme, bien détaché & égal dans toute son étendue; un tendon mince & collé à l'os, est preuve de foiblesse, il est bientôt ruiné; tout l'effort de la jambe se fait sur le tendon. L'articulation des boulets doit d'autant plus attirer les regards, que ses défauts portent directement sur la sûreté de l'animal. Le *boulet* doit être sec, tous les tendons forts & bien apparens. Le *paturon*, d'un volume proportionné à la jambe, bien évidé & sec; trop court, il est plus solide, mais il est plus lourd; la brièveté de cette partie ne permettant pas qu'elle soit flexible, la réaction des mouvemens est toujours dure pour le cavalier; trop longs, ils ne résistent pas au travail, sont bien vite ruinés. Les *pieds* exigent une attention particulière. Les qualités que le pied doit présenter & que l'on y recherche, sont une forme régulière, une consistance solide, & néanmoins douce de souplesse,

---

doit rejeter tout cheval qui a des défectuosités aux jambes, & sur-tout des suros, parce que souvent ils gênent les mouvemens des tendons fléchisseurs du pied, & font boiter l'animal. M. Buc'hoz, au surplus, est trop accoutumé à écrire sur la foi d'autrui, pour que ses écrits puissent jamais être de quelque poids en hipiatrique.

un tiſſu liſſe & uni, un volume juſtement proportionné aux parties dont elle eſt la ſuite & qu'elle
termine. Une amplitude plus ou moins vaſte, mais
toujours commune dans les chevaux mous, pareſſeux & foibles, eſt une marque de ſa délicateſſe &
de ſa propenſion à s'échauffer bientôt ſur le ſol ;
d'ailleurs, cette partie rend pénible, par ſon propre
poids, la marche de l'animal, il ſe laſſe aiſément,
& la ruine de ſes membres ne peut être que pro-
chaine. Tout pied trop petit annonce un animal
vif, ardent ; l'ongle en eſt aride, ſec & caſſant ;
ſon appui n'ayant lieu que ſur une très-légère portion du ſol, la machine élevée ſur quatre colonnes,
dont la baſe alors eſt trop étroite, n'a que très-peu
de ſtabilité. Les pieds ſeront tels qu'on le déſire,
lorſque la couronne peu volumineuſe ſera en proportion avec le paturon, & que ces deux parties
n'auront entr'elles ni ſaillie, ni dépreſſion ; &
qu'elles ſeront rondes. Lorſque la corne eſt ouverte ou éclatée, les maquignons rempliſſent la
rupture avec du maſtic pour cacher la fente. Le pied
plat eſt héréditaire parce que ce défaut eſt naturel, & toujours la ſuite de la conformation de
l'os du pied. Le ſigne extérieur qui le fait connoître, c'eſt qu'il eſt toujours large & que l'incli-
naiſon de la muraille s'approche infiniment de la
ligne horiſontale, au lieu de tenir le milieu entre

elle & la perpendiculaire. Vifitez le pied en deffous, pour voir s'il n'y a point d'oignons, de bleymes, de poireaux ou fics, &c.; fi la fourchette n'eft pas trop graffe & la fole trop mince, &c.

Le *dos* du cheval ne fera ni bas ni élevé, mais uni, égal & relevé des deux côtés de l'épine, qui doit paroître enfoncée. Lorfque les jumens ont le dos élevé comme les mulets, ce défaut eft fuivi de l'applatiffement des côtes, & gêne la capacité du coffre, qui doit être ample & large. Les *côtes* feront bien relevées & arrondies; lorfqu'elles paroiffent comme droites, l'animal eft moins vigou-reux & il a moins d'haleine, parce que les pou-mons étant refferrés dans la cavité du thorax, éprouvent un obftacle à leur dilatation. Le *ventre* médiocre aux chevaux de felle, mais d'une plus grande étendue à ceux de carroffe, & fur-tout aux jumens, foit fines ou de trait. Les chevaux qui ont le ventre de lévrier font pleins d'ardeur, trop fougueux, mangent peu, & par-là font bientôt rui-nés; ceux qui font trop ventrus font pareffeux & laches. On regarde fi les *flancs* battent réguliére-ment & ne font pas altérés; ils doivent être courts & pleins; s'ils rentrent en dedans, cette imperfec-tion rend les chevaux impropres au grand travail. Les *reins* doivent être plats & larges; ce n'eft jamais un défaut dans un cheval que d'avoir trop de reins. Bien des gens confondent les reins du cheval avec le dos : les reins font la fuite du dos, s'étendent jufqu'au point où celui-ci paroît baiffer en arrière, ce qui eft le commencement de la croupe ; on ne fauroit trop les choifir bien faits & bien proportionnés. Il faut que la *croupe* foit arrondie, & qu'elle ne pêche pas par un excès de hauteur, qu'elle ne foit ni coupée, ni avalée ; plus elle eft large, vue de profil, plus l'animal a de refforts ; la croupe eft dans la hauteur convenable lorfqu'elle eft de niveau avec le bas du garot. On paffe la main entre les cuiffes pour favoir s'il n'y a pas de hernies ; fi, dans les chevaux, les parties de la génération font bien conformées, fans fiftules & autres maux ; & fi dans les jumens les mamelles font grandes, indice d'abondance de lait. Le *fourreau* doit être large : lorfqu'il eft trop étroit, l'humeur febacée s'y amaffe & produit des maladies ; d'ailleurs le membre ne fortant pas aifément, le cheval piffe dans fon fourreau ; les parties falines de l'urine s'y accumulent, corrodent la verge, & donnent lieu à des chancres, à des poireaux quelquefois très-difficiles à guérir (1). Les *bourfes* feront bien trouffées,

____

(1) Voyez une obfervation relative à ce que nous avançons ici, & dans laquelle M. *Huzard*, qui en eft

c'eſt-à-dire, peu pendantes ; on déſire que les parties naturelles ſoient noires ; l'expérience fait connoitre que celles qui ſont blanches ou tachetées de noir, dans tout cheval qui n'eſt pas blanc ou pie, ſont peu propres à la génération, ou engendrent des chevaux avec beaucoup de blanc à la tête. Il eſt des perſonnes qui apprécient, dans l'animal qu'ils deſtinent à étalonner, un grand volume dans les teſticules ; pour moi, je n'en fais pas un cas plus conſidérable. Le *tronçon* de la queue ſera épais & ferme, point attaché trop bas ou trop haut, parce que ces ſortes de chevaux n'ont jamais une belle croupe ; la *queue* ſera bien garnie de crins ; car j'ai eu occaſion de reconnoitre qu'un étalon qui avoit une queue de *rat*, avoit produit des poulains avec le même défaut, & que le poulain d'une jument dont la queue & la crinière étoient rongées, avoit tranſmis ces défauts à ſes échappés, quoiqu'ils ne les eût pas en apparence hérités de ſa mère. On aura la précaution de relever la queue pour voir ſi l'anus n'eſt pas attaqué de poireaux, fiſtule, &c. Lorſque la croupe eſt bien faite, les *hanches* le ſont auſſi ; dans la belle conformation, elles doivent à peine

---

l'auteur, a été obligé de faire l'amputation du membre. *Journal de Médecine de juin* 1784, *tome* 61, *page* 611 *& ſuivantes.*

être

être senfibles. Les *feffes* feront charnues & convexes,
tant pour la grace que pour le mouvement. Les
cuiffes doivent être larges & charnues poftérieurement, & un peu plattes en dedans, pour en faciliter
les mouvemens vers le bas-ventre ; les mufcles en
doivent être forts & très-élaftiques. Le *graffet* doit
être fec, & cette jointure doit être apparente fous
la peau.

Les jarrets jouent un fi grand rôle dans le mé-
chanifme de la progreffion de l'animal, qu'il eft
de la plus grande importance d'exclure du haras
tout cheval ou jument qui péchera par le moindre
défaut de conformation dans ces parties, qui font
le fondement & la bafe de la bonté de l'arrière-
main.

Les *jarrets* feront donc larges, bien coupés,
point droits, point trop coudés, fecs, nerveux &
fouples : en dedans, il faut qu'il fe préfente deux
groffeurs, une à la partie moyenne de la jointure,
& l'autre dans la partie inférieure, avec étrangle-
ment au bas. Ces fortes de groffeurs en impofent
à bien des gens qui, les voyant détachées les unes
des autres, les prennent pour des éparvins. Des
jarrets charnus, gras ou pleins, c'eft-à-dire, qui ne
font pas évidés entre l'os & le tendon, font fujets
à une multitude d'accidens. On doit en général fe
méfier des articulations trop groffes par le volume

exceffif des os ou des chairs ; c'eft une preuve décidée de foibleffe , & une preuve infaillible de la
dégénération de l'efpèce. Les autres parties de cette
extrémité de l'arrière-main, feront dans le degré de
pureté que nous avons exigé dans les extrémités
antérieures ; le *canon* doit être plus mince, plus
arrondi & plus long que celui de devant. Je répète
qu'il faut être très-fcrupuleux fur toutes les parties
de l'étalon, mais principalement fur la tête & les
jambes ; parce que c'eft de ce côté que les poulains
reffemblent généralement à leur père, comme ils
fe rapprochent davantage de leur mère, par la
groffeur de l'encolure, la forme & la dimenfion
du corps, de la croupe & des hanches.

5°. (Examinez le cheval dans la totalité & la
généralité de fes mouvemens).

Malgré la confidération de ce que le cheval en-
vifagé dans le repos, offre & préfage, il ne conduit encore à rien d'infaillible : il faut de plus
l'examiner dans l'action, pour lever le rideau qui
cache les détails effentiels des jeux divers de fes
membres.

Faites-le trotter à la main. Le trot eft l'allure où
les mouvemens fe développent le mieux, où les
mufcles font le plus en action, étant obligés de
jouer tous enfemble, & prefque tous dans la plus

grande extenſion. Placez-vous d'abord devant le cheval ; voyez s'il trotte ferme & promptement, la tête haute naturellement & ſans le ſecours du palefrenier, ſi le maniement des membres eſt libre ; ſi le cheval ne ſe coupe point, s'il ne croiſe pas ſes jámbes l'une ſur l'autre, ce qu'on nomme *tricoter*, ou s'il ne les trouſſe pas trop haut, ce qui lui fait perdre un temps qu'il emploieroit à parcourir un plus grand eſpace de terrein, ou s'il les rejette en dehors, ce qu'on appelle *billarder* ; tous défauts importans.

On ſe place enſuite derrière le cheval ; on obſerve ſi les reins ſont droits ; s'il ſe berce ou ſe dandine, c'eſt-à-dire, ſi la croupe ſe balance alternativement de droite à gauche, & de gauche à droite, à chaque temps de trot ; & ſi le derrière chaſſe le devant avec franchiſe & ſans pareſſe ; quand il en eſt autrement, cette allure lâche provient d'une contraction plus ou moins violente des muſcles ; ſouvent auſſi elle eſt occaſionnée par un ſervice prématuré, ou pour avoir été employé de trop bonne heure à celui des cavales. Il faut auſſi que les jambes de derrière dérobent à l'œil celles de devant ; car ſi elles paroiſſent au delà de la ligne du corps, le cheval trotte mal. Faites encore attention s'il ne s'entre-taille pas ; s'il *forge*, c'eſt-à-dire, ſi les pieds de derrière touchent ceux du devant, ce qui s'annonce par le bruit que produit le choc des fers; ce défaut exifte lorfque l'animal eft long jointé, qu'il eft court de corps; il eft encore un indice de foibleffe dans les reins. Si les jarrets font trop éloignés l'un de l'autre, le cheval manquera de reins & de hanches : s'ils font trop près, qu'ils fe touchent par la pointe, ils ne peuvent pas repouffer perpendiculairement le poids & ont l'inconvénient de s'embarraffer dans la marche Y a-t-il débilité dans les jarrets & dans les autres parties des extrémités poftérieures ? Leur action fera exécutée mollement, fans foutien, & à chaque foulée qu'elles féront, elles tourneront de côté & d'autre, fléchiffant en quelque forte fous le poids. J'obferverai que c'eft un bon figne quand le cheval porte en marchant, la queue naturellement en *trompe*, c'eft-à-dire, horifontalement.

Pour finir de juger du véritable accord des membres entr'eux, voyez de profil cheminer l'animal au pas; pour rechercher s'il y a égalité dans l'action de chaque jambe, en en comparant l'élévation, la progreffion & la vîteffe; fi dans la foulée fon appui eft ferme, & fi le pied reçoit & fupporte tout le fardeau en même temps; car fi la pince feule opéroit la percuffion, l'animal auroit les jambes bien vite ruinées par les efforts des mufcles fléchiffeurs, pour réfifter à l'appui de la portion poftérieure du pied, & par l'emploi de la

plus grande partie des forces, des mufcles exten-
feurs, pour empécher l'animal de s'appuyer & de
porter fur fes boulets. Si le quartier de dehors eft
la première portion du pied qui atteigne le terrein,
ou que le quartier de dedans porte feul ; la marche
de l'un & de l'autre ne fauroit être sûre ; cette
inégalité d'appui occafionnant infailliblement dans
les articulations une tortion plus ou moins forte.

Veut-on rectifier tous les effais qu'on vient de
faire ? il faut monter le cheval, l'obferver au moment du départ, examiner fi le premier mouvement eft opéré librement & de bonne volonté. On
l'éloigne du lieu où il vient d'être monté ; s'il té-
moigne de l'ardeur, on l'appaife, on le laiffe marcher quelque temps à fa fantaifie, & on voit, en
le renfermant & même en l'attaquant par degrés,
s'il a de la franchife, s'il n'eft point rétif, fan-
tafque, &c. On le promène au foleil, de façon que
fon ombre fe préfente en avant des yeux ; on agite
le fouet, le chapeau, le mouchoir, pour voir s'il
n'eft point ombrageux & ne s'effraie point des geftes
qu'on répète. De telles épreuves font les feules au
moyen defquelles on peut affeoir un jugement non
équivoque de fa nature. Il y a des chevaux qui
braillent fans ceffe. J'ai eu occafion d'obferver que
ces grands criards ne valent pas grand chofe.

Lorfque le cheval a fini fa courfe, examinez bien

s'il reste en belle situation, c'est-à-dire, la tête haute & les jambes égales; si les flancs ne sont point trop agités & s'ils battent régulièrement; s'il est plein de desir & de feu pour recommencer, son courage se dépeindra dans ses yeux & dans ses mouvemens; consultez-les, car la bonne volonté n'est point à rejeter, elle supplée à bien des choses. La douceur & la sagesse sont aussi les plus belles qualités. Les jumens qui sont molles, engourdies, paresseuses; celles qui sont méchantes, vicieuses, sont à rejeter. Outre que ces vices se propagent, on doit encore craindre qu'elles ne soient mauvaises nourrices, qu'elles ne heurtent & frappent leurs poulains lorsqu'ils se présenteront pour téter.

Si celui qui monte le cheval lui prodigue des caresses affectées, on a droit de soupçonnner le cheval bouillant, colérique, mais à coup sur plein d'ardeur; si on le menace, si on l'accable du fouet, c'est un présage de son indolence & de sa molesse.

Le cheval fait-il de lui-même, & sans y être excité, quelques sauts, ne les envisagez pas comme des signes certains de force; car souvent un cheval ne saute que de malice ou de colère pour se défendre; quelquefois aussi il saute de légèreté & de gaîté. La légèreté résulte de la justesse des proportions des membres, elle accompagne presque toujours la force. Dans les sauts du cheval léger, la

maffe eft portée à un dégré d'élévation confidérable , fa chûte femble ne pas faire la moindre
impreffion fur le terrein ; au lieu que dans les
chevaux pefans les fauts font bas , la maffe heurte
& ébranle , pour ainfi dire , le fol fur lequel elle
retombe. L'on peut obferver que les défenfes de
ces fortes de chevaux ont lieu conftamment par des
ruades gauchement & lourdement fournies , au lieu
que les chevaux légers fe défendent plutôt par la
levée du devant que par celle de derrière. Il faut
encore prendre garde de confondre la force , la
célérité & la vigueur qu'on exige , avec ce qu'on
appelle ardeur , inquiétude. Les allures du cheval
vif & de bon tempérament ne font jamais qu'au
degré de célérité auquel on veut les porter ; celles
du cheval inquiet & ardent , ne peuvent être que
très-difficilement tempérées ; fon ardeur lui eft auffi
nuifible qu'elle eft fatigante pour l'homme.

Fin de la deuxième Partie.

H 4

TROISIÈME PARTIE.

MANUTENTION DES HARAS.

CHAPITRE PREMIER.

PREMIÈRE SECTION.

De l'assortiment des individus & des poils.

Si tel est l'ordre de la nature que les dégénérations du cheval & de ses productions sont inévitables, quoique l'empreinte en soit pure, & qu'il n'y ait aucun vice de souche au moment de la naissance ; il faut venir de toute nécessité au secours de cette même nature qui se dégrade à l'infini, donner à nos cavales des mâles étrangers, à nos chevaux, s'il est possible, des jumens étrangères, & cela constamment. Telle est la marche qui doit être suivie, & qui a été suggérée par le raisonnement, & confirmée par l'expérience.]

Plus la température des climats où les étalons & les jumens ont pris naissance sera éloignée, plus les

réfultats feront parfaits ; les défauts fe compenfant
en quelque forte par cette oppofition de régions.
Plus on apportera d'attention à la différence ou à
la réciprocité des formes, à l'effet de réparer par
la beauté & l'élégance des unes, les défectuofités
des autres ; plus on proportionnera les tailles, les
âges, les tempéramens, plus on donnera lieu à des
productions bien ordonnées ; & pour que le compofé qui en réfulte foit d'autant plus parfait, il
faut oppofer les excès ou les défauts d'habitude du
père aux excès ou défauts d'habitude de la mère ;
faifir le vice commun affecté au pays, au canton,
au climat, au fol. Dans telle province le vice dominant de la race eft la tête groffe & la croupe
avalée ; dans telle autre, les jarréts clos & l'encolure grèle ; dans ce canton, la croupe trop étroite
pour l'épaiffeur du devant ; dans celui-ci, les jambes
hautes, les pieds plats, & ainfi du refte. Donner
à une jument un peu trop épaiffe un étalon qui,
ayant un peu plus de fineffe, compaffera cet excès ;
à une petite jument, un cheval d'une taille plus
avantageufe, fans qu'il y ait excès de proportion.
Si une jument pèche par l'avant-main, on choifira
un étalon qui ait de la nobléffe & de la beauté
dans cette partie ; & ainfi réciproquement des
autres défauts, en s'attachant, pour s'approcher de
la belle nature, à fuivre & à obferver les grada-

tions & les nuances qui font la beauté de fes ouvrages.

Si l'étalon eft moins vieux ou d'un tempérament
plus chaud, plus robufte que la jument, le poulain
participera plus du père que de la mère. Au contraire, fi la cavale eft de plus forte conftitution &
d'un âge moins avancé que l'étalon, ce fera d'elle
que le poulain tiendra davantage ; c'eft pourquoi
il faut étudier le tempérament des mâles & des
femelles qu'on doit conjoindre, être affuré de leur
âge pour donner à une jument jeune un cheval qui
foit plus âgé fans être vieux ; à une jument déjà
chargée d'années, un mâle plus jeune ; à une femelle
fougueufe, un cheval plus froid & réciproquement,
en fuivant le plus de proportions qu'il eft poffible.

Par exemple, le cheval turc a ordinairement
l'encolure effilée, péche par la croupe, &c. ; il exige
donc des jumens d'une encolure un peu courte &
d'une belle croupe : les chevaux barbes péchent par
les épaules trop ferrées, la croupe un peu longue
& la queue attachée trop haut. Non-feulement on
évitera foigneufement de leur donner des jumens
qui aient les mêmes défauts ; mais il eft bon qu'elles
puiffent l'effacer par une furabondance dans les
parties, c'eft-à-dire, qu'elles auront les épaules
épaiffes, la croupe courte, &c. Les chevaux efpagnols ont la tête un peu groffe, fouvent trop longue ;

ils demandent des jumens dont l'avant-main soit peu formé, la tête petite, décharnée, &c. Les jumens d'Allemagne, qui font en général affez bien proportionnées dans toutes les parties de leur corps, manquent de vivacité; accouplez-les avec des étalons italiens qui font vifs, légers, &c.; aux cavales qui ont les mouvemens lents, telles que nos normandes, donnez-leur des chevaux efpagnols qui les ont vifs, relevés, &c. Les chevaux turcs, les barbes, les efpagnols font d'un pays chaud, ils réuffiront donc bien dans nos provinces feptentrionales.

Remarque.

Le premier poulain d'une cavale n'eft jamais auffi étoffé que celui qu'elle donnera dans la fuite; ainfi on obfervera de lui donner la première fois un étalon plus gros, afin de compenfer le défaut de l'accroiffement par la grandeur même de la taille. En général, l'étalon ne fera jamais plus petit que la jument, parce que, pour l'ordinaire, la production eft d'une taille moins avantageufe que la fienne. On ne connoit que les barbes qui, dans notre climat, faffent plus grand qu'eux, comme je l'ai déjà dit.

DEUXIÈME SECTION.

Affortiment des poils.

Il ne faut pas donner des étalons qui ont le chamfrein blanc ou des balzanes à des jumens qui auroient la même marque, parce que leur fruit participera fouvent au double de la blancheur de la fouche ; le chamfrein s'étendra de père en fils, fur prefque toute la tête, & la balzane jufques au haut de la jambe ; excès qui ne produit rien de beau à la vue, & ne promet que des caprices, & des défectuofités aux jambes du cheval.

Pour empêcher la dégénérefcence des poils, il eft bon, par exemple, de mettre un cheval gris bien teint, ou bien mélangé de noir, avec une jument de poil noir ; ou l'étalon de poil bai doré, ou bai brun, ou noir, tous poils bien teints & bien luifans, fans ou avec l'étoile au front, ou quelque balzane fort petite, pour l'affortir avec des jumens de poil gris bien mêlé ; ou on fera enforte que le père & la mère aient la même robe, afin qu'elle foit plus fûrement tranfmife au poulain.

Un étalon de poil gris produit quelquefois un poulain de poil noir ou bai, quoiqu'avec une jument de poil gris. Cela vient de ce qu'il tient fa robe de fa mère & non de fon père, auquel cas le poil ne fera point continué dans fa génération ; au lieu que s'il la tient de fon père, la communication aura lieu ; & ainfi pour les autres poils.

CHAPITRE DEUXIÈME.

TROISIÈME SECTION.

De l'âge auquel on peut faire étalonner......
Réforme des Etalons & des Jumens.

QUOIQUE le cheval puiffe engendrer dès l'âge de trois ans, il n'eft pas cependant à cet âge parvenu à fon degré d'accroiffement & de force, il ne peut alors donner que des productions foibles & chétives. Il eft des chevaux formés à cinq ans ; il n'en eft point qui le foient avant ce temps ; mais d'autres ne le font que lorfqu'ils ont acquis fept années, fuivant l'efpèce & le pays d'où ils viennent. L'âge que j'exige pour faire faire le fervice à l'étalon, eft, quant au cheval de carroffe, celui de cinq ans faits, & quant aux chevaux de légère taille, celui de fept.

Les étalons durent plus ou moins, felon la diverfité de leur complexion ; le pays de leur naiffance, la race dont ils fortent, & le plus ou moins d'attention que l'on a apporté dans la monte. Ainfi ce n'eft que lorfqu'ils font viciés & caducs qu'on doit les réformer ; c'eft-à-dire, que tant que l'étalon faillit allégrement & légèrement, il ne doit point etre rejeté quelque âgé qu'il foit ; il eft même à préférer à un plus jeune qui faillit avec peu de fougue, beaucoup de moleffe & d'indolence. Tout cheval qui fe montre pareffeux à la monte, fait perdre du temps aux cavales, ne procrée que des individus foibles & mal conftitués, il faut s'en défaire. Celui qui eft d'humeur farouche, vicieufe, violente, ennemi de l'homme, hargneux, doit etre éloigné du haras, fi on ne veut le fouiller de mauvais poulains.

Dès qu'un étalon eft réformé, il doit étre hongré, ou lorfque le temps de la monte arrive, il faut le faire faigner, fans quoi, d'ordinaire, il devient aveugle; ce qu'il avoit coutume de confommer dans le coït, reflue prefque toujours fur les yeux.

Ceux qui ont plus d'égard à la quantité qu'à la qualité des poulains qu'on peut tirer des cavales, leur donnent l'étalon à l'âge de deux ou trois ans, fans confidérer que, n'ayant pas encore acquis la force & l'accroiffement qui leur étoit deftiné par la nature, elles ne produifent que des fruits impar-

faits, les mères elles-mêmes restent toujours en arrière du degré de développement qu'elles auroient
atteint sans cette jouissance prématurée. J'ai même
eu occasion d'observer que des jumens qu'on faisoit
porter trop jeunes n'avoient aucun attachement
pour leurs petits, refusoient souvent de les allaiter
& même les haïssoient, par le souvenir, sans doute,
de l'état de foiblesse & de douleur où elles avoient
été réduites, ne s'occupant qu'à se refaire & à réparer les pertes que leur avoit causé le fardeau
qu'elles avoient porté. Un fait qui vient à l'appui
de ce que j'avance à cet égard, c'est que les mêmes
mères, l'ayant été une seconde fois, quelques années après, chérissoient & allaitoient leurs nour-
rissons avec cette tendre affection que la nature
a donnée à toutes les femelles pour leur progéniture.

Les personnes qui, courant d'une extrêmité à
l'autre, attendent que les jumens aient sept,
huit, dix ans pour les faire saillir, sous espoir que
les productions doivent être plus fortes, plus ac-
complies que si elles venoient de mères plus jeunes,
se trompent. Les jumens de cet âge retiennent difficilement, sur-tout si elles ont été nourries au sec,
& si leur jeunesse a été employée à des travaux pé-
nibles. La nature, sage en tout, donne à la jument,
ainsi qu'à la femelle des autres quadrupèdes, son

accroiſſement en moins de temps que le mâle. Ordinairement les jumens fines & légères ſont for‑mées à cinq ans; les autres ſont plus précoces d'un an. C'eſt à ces âges qu'elles peuvent être préſentées à l'étalon, & jamais avant.

Tant que les jumens ſont en bon état, qu'elles apportent de grands & beaux poulains, qu'elles nourriſſent bien, il faut les conſerver, quelque vieilles qu'elles ſoient; mais auſſi-tôt qu'une cavale dépérit, que ſon lait diminue, qu'elle fait un pou‑lain maigre, ou qu'elle eſt deux années de ſuite ſans retenir, on doit l'éloigner du haras, quelque jeune qu'elle puiſſe être. On en exclura également celles qui ne portent jamais leur fruit à terme, parce que, quelques précautions qu'on prenne, on ne réuſſira point à les empêcher d'avorter; cela dépendant d'un défaut d'organiſation dans la matrice, ou d'un vice de la maſſe des humeurs. Celles qui conver‑tiſſent en leur entretien toute la nourriture qu'elles prennent, & dont rien ou très-peu ſe change en lait, ſont à réformer auſſi; plus elles vieilliſſent, moins elles ſont bonnes nourrices. On doit rejeter encore toutes celles qui ont autrefois porté des mulets. On a obſervé en France, en Italie, en Eſpagne, &c. que dès qu'une cavale a produit un ſeul mulet, elle ne fait après rien qui vaille en chevaux, quelque bon & beau que ſoit l'étalon; le

poulain

poulain tient toujours quelque chofe, foit au moral, foit au phyfique, de l'âne ou du mulet, parce que la femence du baudet fait une impreffion fi forte fur les organes de la jument, qu'elle ne peut être entièrement détruite par la femence des chevaux qui la fautent enfuite.

QUATRIÈME SECTION.

Obfervation.

Le pouvoir prolifique des étalons, l'infécondité des cavales, font fouvent relatifs & dépendans de l'influence du climat & de la quantité des alimens. Feu M. Bourgelat rapporte dans fa lettre à Milord Pembrock, inférée dans le Journal d'agriculture d'Octobre 1778, une obfervation bien propre à confirmer ce fait : » Un étalon placé en plaine, & » un autre à mi-côteau, diftans feulement de trois » lieues, fe trouvèrent tous les deux inféconds pen- » dant deux années de fuite, au bout defquelles » M. Bourgelat changea leur placement, mettant » celui de la plaine à mi-côteau, & conduifant » celui de mi-côteau dans la plaine. L'année fui- » vante l'un produifit dix poulains & fept pou- » liches, & l'autre donna onze pouliches & huit » poulains ». Ainfi de tout étalon qui d'abord ne produira rien, mais qui d'ailleurs fera bien fain, bien conſtitué, parfaitement organiſé, il faut bien ſe garder d'en conclure que la faculté de ſe repro-duire eſt éteinte en lui. Il en eſt de même pour les jumens ; avant de prononcer ſur leur ſtérilité & de les proſcrire, on doit être certain qu'elle provient d'elles-mêmes & non de l'étalon ou des étalons qui les ont ſervies, puiſque j'ai vu maintes fois une cavale être inféconde avec un, deux, trois étalons, & deve-nir pleine d'un quatrième, cela dépendant des rap-ports phyſiques qui ſont entre les individus. Dans tous les cas il eſt à propos de ne point perdre de vue l'obſervation de M. Bourgelat & la mienne.

J'ai encore obſervé, & aſſurément je ne ſuis pas le ſeul, que des jumens & des étalons qui ne pro-duiſoient pas de beaux poulains dans un lieu, en donnoient de fort beaux dans un autre. Les mêmes variations ſe remarquent encore quant à la faculté d'engendrer en elle-même. Des étalons & des ju-mens qui n'avoient pu procréer pendant leur jeu-neſſe, ont été féconds lorſqu'ils ſont devenus plus âgés ; d'autres qui ont produit d'abord, ne peuvent plus procréer : il y a des étalons qui ne produiſent qu'avec de jeunes jumens, &c. Il eſt donc nécef-ſaire d'interroger la nature, de la forcer, pour ainſi dire, à nous faire trouver ce qui peut entrer dans ſes arrangemens ; elle aime quelquefois qu'on dé-chire le voile qui nous le couvre

CHAPITRE TROISIÈME.

CINQUIÈME SECTION.

*De l'exercice de l'Etalon..... Son régime avant,
pendant & après la monte.*

J'AI dit, & je répète, que le cheval entier doit,
avant d'être confacré au fervice des jumens, avoir
été exercé au manége pour acquérir la foupleffe des
membres, la docilité & la fageffe dont il eft fufceptible; enfin, pour embellir par l'art toutes les
qualités dont la nature l'a gratifié. Enfuite, dès
qu'il devient étalon, il ne doit pas être voué à un
repos pernicieux, mais être entretenu dans un
exercice modéré qu'il ne faut pas confondre avec
ce qui pourroit être appelé travail : l'un eft nuifible à l'animal, l'autre lui eft extrêmement falu-
taire; l'exercice facilite la tranfpiration, dépure le
fang, réveille l'appétit, augmente le fluide nerveux
néceffaire aux mouvemens ; dans un trop grand
repos, le mouvement d'impulfion étant très-foible,
le fluide qu'il chaffe coule & chemine très-lente-
ment; il eft alors difpofé aux ftagnations, l'harmonie eft troublée, on n'apperçoit que dérangemens

I 2

dans l'ordonnance des facultés vitales, on n'obſerve que déſordre dans l'exercice de leurs fonctions, les jambes s'enflent, &c. Ainſi l'étalon doit être exercé en le faiſant monter au moins deux heures par jour, ou trotter à la longe avec ménagement & ſageſſe.

Les étalons doivent être tenus dans l'écurie toute l'année, & être toujours nourris au ſec ; une nourriture molle les affoibliroit. Du foin recueilli dans des prés plutôt ſecs qu'humides, compoſé de plantes mucilagineuſes & aromatiques, ni trop nouveau, ni trop vieux ; de la bonne paille de froment bien blanche, & de l'aveine ou de l'orge de la meilleure qualité, tels ſont les alimens qui leur conviennent. Un mois avant la monte, on mettra une poignée de farine de froment dans l'eau que l'étalon boit. Pendant la monte, on le nourrira avec ſa nourriture accoutumée, on en augmentera ſeulement un peu la doſe pour réparer les pertes qu'il fait ; & pour prévenir le dégoût qui pourroit lui ſurvenir, on fera fondre un peu de ſel dans l'eau blanche qui lui ſervira de boiſſon ; ou bien on lui lavera la bouche avec du vinaigre & du ſel, & on le tiendra à l'écurie, bien ſoigné & bien panſé. Je n'approuve pas la méthode indiquée par preſque tous les auteurs anciens & modernes de donner des fèves, de la graine d'ortie, du ſatïrion

& autres, aux étalons pour les échauffer & les exciter plus fortement à l'œuvre de génération, parce que tous les remèdes *aphrodisiaques* en donnant du ton aux fibres, en augmentant la circulation du sang, &c. affoiblissent dans la suite l'animal, & finissent par rendre sa semence improlifique. La quantité & la qualité de la liqueur spermatique dépendent du chile, & ce sont les alimens d'une bonne nature, tels que le foin, la paille, l'aveine, qui le rendent parfait. La monte étant finie, il est nécessaire de le laisser huit jours en repos, nourri avec de l'orge au lieu d'aveine, & pour boisson de l'eau blanche, pour lui rafraichir le sang appauvri. Au bout de la huitaine, on le proménera dans des lieux frais, gais, agréables; on le tiendra dans une écurie non-seulement écartée de celles des jumens, mais même de celles des chevaux hongres, qui sont presque toujours un objet d'antipathie pour lui.

SIXIÈME SECTION.

Epoque de la chaleur des jumens.... Symptômes qui l'annoncent.... Sa durée.

C'est depuis le mois d'Avril jusques à la mi-Juin, aux unes plutôt, aux autres plus tard, que la nature donne aux jumens le desir d'être fécondées. Ce desir

eſt ſi véhément qu'il abſorbe preſque tous les autres ; il eſt ſi néceſſaire à l'œuvre de génération que
les jumens qui en ſont exemptes refuſent abſolument
les approches de l'étalon ; & ce ſeroit en vain que
celui-ci s'acquitteroit de toutes ſes fonctions avec
ardeur ; ſi la jument n'eſt point dans l'état ordonné
par la nature, elle ne ſera jamais fécondée.

La jument en chaleur mange peu, trépigne & bat
ſans ceſſe la terre des pieds, hauſſe la queue & la
remue vivement, urine plus & plus ſouvent que de
coutume ; ſa nature ſe gonfle, & il en jaillit une
humeur viſqueuſe ſemblable à la ſemence ; humeur
qu'on appelle des *chaleurs*, & que les anciens ont
nommée *hipomanés* (1). Elle hennit fréquem-

---

(1) C'étoit-là l'*Hipomanés* par excellence ; celui des
poulains qui a tant été cité par les auteurs anciens &
modernes, ſur la foi les uns des autres, ne venoit qu'après
celui-ci. Il conſiſtoit, ſelon eux, en un morceau de chair
de la couleur & de la figure d'une figue ſèche, qui étoit
placé ſur le front ou ſur la langue du poulain, & qui,
tombant comme il voyoit le jour, étoit ſur le champ
dévoré par la jument, ſans quoi elle ne vouloit pas nourrir ſon poulain ; & ſi l'on étoit aſſez adroit pour s'en
ſaiſir, il avoit la propriété, donné en boiſſon, de faire
aimer la perſonne qui l'avoit préparé ou donné. Ariſtote,
Pline, Virgile, Pauſanias, ont fait mention des deux
hipomanés, & y ont mêlé pluſieurs fables. L'autre *hipo-*

ment, d'une voix plus groffe & plus enrouée, fur-tout lorfqu'elle voit ou fent un cheval ; ces indices font les plus certains. Si les cavales font en liberté, elles jouent entr'elles, courent la tête levée, fautent l'une fur l'autre. Il y a quelques jumens qui n'entrent en chaleur qu'à l'automne ; d'autres qui le font pendant une bonne partie de l'année, mais non pas toujours au même degré. On a obfervé affez

---

manés étoit auffi regardé comme un filtre puiffant à faire naître d'amoureux défirs ; il avoit tant de vertu, felon les anciens, que la ftatue d'un cheval, dans l'airain duquel on en avoit mêlé, mettoit les chevaux dans une telle fureur que les coups ne pouvoient les empêcher de s'en approcher amoureufement. (Voyez à ce fujet la differtation de *Bayle*, à la fin de fon dictionnaire).

L'*hipomanés* eft un corps d'une confiftance affez folide, qui fe trouve dans une liqueur épaiffe & de couleur rouffe, contenue dans la cavité que l'on obferve entre l'amnios & l'allantoïde ou le chorion. La grandeur ni le nombre des hipomanés ne font point fixes ; on en trouve plu-fieurs dans le même fujet, les uns gros comme des pois, d'autres pefans cinq ou fix onces, de confiftance vifqueufe, fans apparence de vaiffeaux ni d'aucune orga-nifation, de couleur d'olive brune. Il eft faux que le poulain l'apporte en naiffant au front ; cette adhérence eft phyfiquement impoffible. (Voyez Hiftoire de l'acadé-mie royale des fciences de Paris, année 1751, page 59 ; Mémoires, page 293).

I 4

conftamment que ces dernières avoient les vifcères de la poitrine en mauvais état, & ce doit être pour elles un motif d'exclufion des haras.

Chaque jument ne refte pas plus de quinze jours ou trois femaines dans un degré de difpofition convenable : ainfi il faut y être attentif pour profiter de fon véritable période, qui aura plus de vertu pour la génération que n'en auroient fon commencement ou fon déclin. Si l'on veut aider la nature, l'exciter même, on donnera aux jumens, huit ou dix jours avant de les préfenter à l'étalon, une jointée de froment, ou bien une écuellée de chénevis, à midi ; cela les difpofera mieux à une forte génération ; quant à celles qui font dépourvues de tempérament, elles ne fouffrent jamais le mâle, & tous les moyens employés pour exciter leurs defirs ont été inutilement, & ridiculement mis en ufage. L'expérience a prouvé que les jumens qui mangent l'herbe dans le temps qu'elles font admifes à l'étalon, retiennent plus facilement que celles qui font nourries au foin & à l'aveine dans une écurie ; elle démontre encore que celle qui a toujours été nourrie au fec, & que l'on tient aux mêmes alimens après la copulation, ne peut, en général, fournir un poulain d'une certaine étoffe, & n'a d'ailleurs jamais une grande quantité de lait. Les jumens qui donnent les meilleures productions,

font celles qui font le moins long-temps établées ;
auffi ne doit-on les renfermer que lorfqu'il n'y a
plus d'herbes & que les pluies font furvenues.

SEPTIÈME SECTION.

*De la monte..... De la monte en liberté.....
Ses inconvéniens.... Des fignes qui annoncent
que la jument a été fécondée.*

Il eft hors de doute que, dans l'état de domefti-
cité, la monte à la main eft préférable à celle qui
fe fait en liberté. 1°. L'étalon libre & abandonné à
lui-même & à fes defirs, dans un enclos où font
plufieurs jumens, s'énervera bientôt, s'il trouve en
elles des facilités, par des jouiffances réitérées, qui
ne lui donnent point de repos fuffifant pour récu-
pérer fes pertes ; & s'il trouve peu de difpofitions
parmi les jumens, & qu'il en foit rebuté & battu ;
il craindra de les approcher, s'en dégoûtera, s'am-
mourachera d'une feule, comme cela arrive, ou
perdra fes forces en continuant de pourfuivre les
ingrates. D'ailleurs les étalons nourris d'herbes font
moins vigoureux que ceux nourris au fec, &c.

La monte à la main n'a pas ces inconvéniens ;
l'étalon eft mieux foigné, mieux nourri, nullement
maltraité des jumens, on ne lui en offre que de

difposées à le recevoir & qu'autant que fes forces le comportent , & il peut les fournir fucceffivement avec une égalité de force & de fubftance.

La faillie du printems eft plus avantageufe que celle de l'automne, & de toute autre faifon de l'année. Les cavales en retiennent mieux, & le poulain naiffant au printems fuivant acquiert une conftitution bien plus ferme, & fe forme un tempérament bien plus robufte que celui qui , venu au monde dans toute autre faifon, végète avec peine dans l'étable pendant l'hiver, par le fecours d'une chaleur artificielle chargée de vapeurs mal faines. La chaleur de l'été opère bénignement fur les poulains; les cavales, tant celles qui viennent d'acquérir un poulain , que celles qui en ont produit un, trouvent affez d'herbes pour fe nourrir lorfqu'on les met aux prés , & peuvent par conféquent fournir fuffifamment de la nourriture à leurs petits ; avantage que n'ont pas les jumens qui font pleines ou qui mettent bas dans l'arrière-faifon.

Avant de donner l'étalon à la jument, il faut, pour ne pas l'expofer aux accidens d'un violent refus, faire intervenir un *effayeur* ou *bout-en-train*, que l'on fait approcher d'elle, pour voir fi elle eft en état de le recevoir ; fi elle fe montre difpofée à le fouffrir, on retire le bout-en-train, on fubftitue le véritable étalon ; on le promène , ainſi que la jument, éloignés l'un de l'autre, mais de façon qu'ils puiſſent s'entrevoir, afin que l'objet de ſes plaiſirs augmente ſa paſſion, & la mette à même de devenir plutôt féconde; cela ſe fait toujours avant que l'un & l'autre ait bu ou mangé, & lorſqu'ils ont été bien panſés (1). Après quoi on place la jument, qui eſt déferrée des pieds de derrière, & que l'on enchevètre ſi elle eſt chatouilleuſe, ou ſi l'on craint qu'elle ne rue ou ſe défende, ſa queue étant faite avec un ruban large de trois doigts, attachée à la crinière, pour qu'elle ne ſoit pas un obſtacle à l'intromiſſion, & qu'il ne ſe

---

(1) L'anatomie & la phyſiologie démontrent que dans le mâle, l'éjaculation ſpermatique ſe fait difficilement lorſque la veſſie eſt pleine; & que les jumens qui ont bu avant la copulation urinent tout de ſuite après la ſaillie, & rejettent en même-temps la ſemence que le mâle leur avoit donné. Je ſais bien que l'urine paſſe par un canal différent de celui qui reçoit la liqueur ſéminale, & que peut-être cette raiſon fera douter de la poſſibilité de ce que j'avance, mais on ſe refuſera moins à le croire lorſqu'on aura réfléchi que ſi la femelle vient à piſſer tout de ſuite après le coït, cette action procure à la matrice, qui eſt contigüe à la veſſie, une compreſſion aſſez conſidérable pour lui faire rejeter en même-temps la ſemence qu'elle a reçue; ce que j'ai vu arriver maintes fois.

trouve pas un feul crin qui pourroit bleffer l'étalon ;
on la place fur un terrein éloigné d'environ cent
pas de l'écurie, uni, fec & folide, & entouré
d'arbres & de verdure ; on l'attache entre deux
piliers plantés là exprès, ou bien on la fait fimple-
ment tenir par le licou par un homme adroit qui
la careffe & lui donne des friandifes pour chercher
à la tranquilifer, tandis que deux autres conduifent
l'étalon avec deux longes attachées à un caveçon de
corde ou de cuir; & dans le cas où il s'élèveroit fur
les pieds de derrière pour aller à la cavale dès qu'il
l'apperçoit, ou qu'il s'élèveroit du devant faifant une
pointe de manière à fe renverfer, ils le tireroient avec
affez de force pour ramener le devant à terre. Dès
que le cheval a fauté fur la jument, on l'aide à remplir fon devoir en dirigeant, s'il en eft befoin, le
membre dans la vulve. Le mouvement de balancier
de la queue vers la croupe, les efforts qu'il fera
pour s'introduire plus avant, annoncent qu'il a
confommé l'œuvre de génération. Il ne faut pas
lui laiffer réitérer l'accouplement, il faut au contraire l'emmener tout de fuite ; mais on ne doit
jamais le rejeter de force en arrière, on obligeroit
les jarrets, déjà fortement travaillés dans le coït,
à de nouveaux efforts, fous lefquels il fuccombe-
roit bientôt ; il faut faire marcher la jument deux
pas en avant, enfuite la laiffer en repos. La méthode

de la faire promener , & fur-tout celle de lui jeter fur la croupe une quantité d'eau froide m'a toujours paru inutile & fouvent nuifible; il en eft de même de l'expédient confeillé par *de Garfault*, & malheureufement trop en ufage , de mettre un torche-nez à la jument qui eft inquiète, & dérange le cheval par fon agitation. On fait repaffer l'étalon devant la jument , afin qu'elle le voie & s'en frappe les organes.

Si l'étalon defcend de deffus la jument fans l'avoir rendu prolifique , remenez-le à l'écurie & laiffez-le repofer quelques jours. Il n'a refufé de féconder la cavale que parce qu'il eft épuifé des fauts précédens; & fi vous le laiffez remettre en érection & recommencer la monte , il ne fera que s'échauffer, s'épuifer de nouveau fans qu'il verfe fa femence, & fi l'éjaculation enfin avoit lieu, elle feroit inutile étant alors prefque toujours inféconde , ou fi elle produifoit, ce ne feroit qu'un fruit foible & chétif.

L'étalon reconduit à l'écurie fera bien bouchoné, panfé, couvert d'une couverture, les bourfes & le fourreau feront lavés de vin tiéde, puis au bout de deux heures on lui donnera à boire de l'eau blanche prefque tiéde , enfuite fon aveine , &c. & on le laiffera repofer jufques au lendemain, de façon qu'il ait toute la journée & la nuit pour fe refaire.

Au bout de dix ou douze jours, on repréſente à l'étalon la jument déjà ſaillie; ſi elle eſt en chaleur, elle ſera couverte de nouveau comme auparavant; ſi elle refuſe l'étalon, ſi elle rue, on ne la fera point couvrir, le refus étant une preuve qu'elle a retenu. Preuve cependant équivoque; car il arrive quelquefois que des jumens pleines ſe montrent encore en chaleur & ſouffrent même l'accouplement, ſans qu'il en réſulte de ſuperfétation; car elles ne conçoivent point en divers temps, & elles ne portent point de fœtus d'inégale groſſeur, & qui naiſſent à des intervales éloignés l'un de l'autre. Il arrive quelquefois que la cavale accouche de deux poulains, mais alors ils ont été conçus dans un ſeul & même coït, & il faut regarder comme très-faux le fait rapporté dans l'Hiſt. de l'Acad. royale des Sciences de Paris, année 1753, page 131, qu'aux environs de Mauléon, à préſent Châtillon-ſur-Sévres, une jument avoit produit, d'une même portée, un poulain & une mule. Les cavales doivent être ſaillies dans le plus frais de la journée; le matin à l'aurore, ou au moins avant dix heures, eſt le temps le plus favorable. On aura l'attention de donner toujours, autant que faire ſe pourra, le même étalon aux mêmes jumens, parce qu'elles l'admettent plutôt que celui qu'elles ne connoiſſent pas, & qu'elles en conçoivent plus vîte.

Il eſt des étalons qui ſe fatiguent & ſe haraſſent en montant inutilement pluſieurs fois ſur les cavales ; mettez-leur des lunettes , ils ſe tourmenteront moins ; on doit en uſer de même pour ceux qui ſe jettent avec fureur ſur elles. A l'égard de ceux qui ont trop de feu , de vivacité , qui ſe mettent tout en ſueur ſans pouvoir couvrir , ce qui arrive ordinairement aux jeunes étalons qui n'ont pas encore ſailli , il eſt bon de les remettre à l'écurie, & quelques momens après , on fera une nouvelle tentative.

Les facultés d'un étalon paroiſſent ſouvent inépuiſables , parce que , en quelque temps qu'on le conſidère , il marque toujours de la bonne volonté à multiplier ſon eſpèce ; mais s'il ſait en cela nous tromper, il arrive auſſi qu'il abuſe les jumens qu'il approche ; je ſuis d'avis que la première année de la monte d'un étalon, on lui faſſe couvrir dix, douze & au plus quinze jumens douces , faciles & qui aient déjà porté ; & s'il produiſoit , ainſi qu'on a lieu de s'y attendre, on augmentera la deuxième, troiſième, quatrième & cinquième année le nombre des cavales à raiſon progreſſive de deux chaque année, au bout duquel temps on lui en retrancheroit deux auſſi gradativement , juſques à ce qu'il ſoit réformé ; par cette méthode, les jumens en ſeroient mieux ſervies. D'une part, l'étalon ſe conſerveroit plus long-temps ſain & diſpos, & de l'autre, .

on auroit de belles & bonnes productions : car il eſt hors de doute que l'uſage trop fréquent du ſaut énerve l'étalon & produit des poulains foibles, parce que la ſemence n'a pas eu le temps de ſe bien préparer & de s'aſſocier les eſprits néceſſaires à ſa perfection.

CHAPITRE QUATRIÈME.

HUITIÈME SECTION.

Du ſoin des Cavales pendant la geſtation.....
Durée de la geſtation..... Accouchement.

DÈS que les cavales ont donné des ſignes qu'elles ont été fécondées ; c'eſt-à-dire, dès que les chaleurs ceſſent & qu'elles refuſent le mâle, il faut les ſéparer de tous chevaux, & même des cavales vuides, écarter avec ſoin tout ce qui pourroit les bleſſer ou leur occaſionner une commotion forte, & tout ce qui peut les frapper trop vivement, & porter le trouble dans leur imagination, qui eſt alors très-vibratile, car le poulain dans la matrice participe toujours aux maux que la mère endure ; les tenir, l'été, en des lieux frais & ombragés, &, l'au-tomne, en des endroits abrités. Les vents leur ſont fi contraires qu'ils les font quelquefois avorter , & influent toujours sur leurs fruits, qui deviennent foibles & énervés; au mois d'Octobre on les retirera la nuit à l'écurie , & on ne les laissera sortir le matin que lorsque les gelées seront fondues & dissipées. On leur donnera , une fois tous les deux jours , une pincée de sel, pour les remettre en appétit , empêcher les désordres que produisent les alimens mal choisis, & donner à ceux qui ne sont pas de facile digestion & qui en général nourrissent peu , l'avantage de suppléer à une nourriture plus substancielle; prévenir la multiplication souvent prodigieuse de vers que l'herbe engendre dans le corps de l'animal, & s'opposer à l'effet nuisible de ceux qui s'y engendreront, malgré l'usage du sel; & dès que la neige ou le froid rigoureux arrivent, les tenir à l'écurie , qui doit être propre & saine. J'ai déja dit que de les faire travailler c'étoit s'exposer à de grands inconvéniens & à n'en avoir que de mauvaises productions.

On n'a des indices certains de la plénitude des cavales qu'au septième & huitième mois, tems où le poulain commence à remuer; en posant la main sur le côté gauche du ventre au bas du flanc, lorsque la jument mange ou boit , après avoir fait quelques tours au trot, on éprouve les secousses du fœtus.

K

Le tems preſcrit par la nature pour la ſortie du fœtus eſt de onze mois & quelques jours. Ce nombre de jours anticipes ſur le douzième mois, n'eſt point fixe. On a cru qu'il étoit en raiſon des années de la jument; mais l'expérience, ce creuſet des chimères humaines, a trop fréquemment démenti cette idée : le terme eſt avancé ou retardé ſelon que la mère & le poulain ſont forts. On a vu des jumens mettre bas au douzième mois, quelquefois les premiers jours du treizième, & rarement à la fin. Selon les regiſtres de la monte faite, en 1775 & 1776, au haras royal de *Chivaſſo*, appartenant à Sa Majeſté Saƀde, ſur cinquante cinq jumens une ſeule accoucha au bout de dix mois & ſept jours; mais ſon poulain ne vécut que ſept mois. Une porta onze mois moins un jour, & le poulain mourut au bout de trois ſemaines : deux portèrent onze mois juſte, & leurs fruits devinrent agiles & robuſtes. Il y eut des cavales qui portèrent onze mois trois, quatre, cinq, ſix, ſept, huit, neuf, dix, onze, douze, treize, quatorze, quinze, ſeize, dix-ſept jours; une ſeule garda ſon fœtus onze mois & dix-huit jours ; d'autres portèrent onze mois & dix-neuf, vingt, vingt-un, vingt-deux, vingt-trois jours; une onze mois & vingt-ſept jours; une ſeule porta une année & quatre jours; une autre un an & dix-ſept jours; enfin, il y en eut une qui porta un an, un mois, & quatre jours (1). On peut donc regarder comme loi générale, que le tems où le fœtus éprouve un mal-aise & irrite les parois de la matrice pour fortir de fa captivité, arrive ordinairement entre le onzième & le douzième mois après la fécondation.

Quand le terme de pouliner approche, & que la délivrance de la jument s'annonce par le grand affaissement du ventre, par fa pesanteur, par fa difficulté à marcher, par le rétrécissement des flancs, par le gonflement des mamelles, &c., on la met feule, s'il est possible, dans une écurie fans y être attachée ; on lui fait bonne litière, & une personne intelligente la surveille pour la feconder en cas de befoin. Différente de la plupart des autres femelles, la jument accouche presque toujours debout. Lorsque le part est naturel, & que le poulain fe préfente la tête la première, la nature n'a befoin d'aucun fecours étranger : toutes les tentatives qu'on fait alors pour l'accélérer font inutiles & pernicieufes; mais il peut arriver que la jument ait de

---

(1) D'après de pareilles obfervations, quelle foi peut-on ajouter à ces écrivains qui affurent d'un ton décifif que *les jumens accouchent rarement les premiers jours du treizième mois, & jamais à la fin.* (Voyez Méd. vétérin. de M. Vitet, tome prem., page 700).

K 2

la peine à mettre bas, soit par le volume excessif du poulain & l'étroitesse du passage, soit qu'il se présente de travers, soit à cause d'accidens survenus à la mère, ou de sa foible constitution.

La personne qui surveille la jument doit, dans le cas du volume disproportionné du poulain, lui faciliter le passage par des onctions d'huile faites au vagin & à l'orifice utérin, & par des lavemens émoliens qui dégagent le rectum des excrémens grossiers qui pourroient gêner; &, s'il en est besoin, huiler sa main & son bras, l'introduire dans le vagin jusques à l'orifice interne de la matrice, & parvenu à cet orifice, on insère les doigts insensiblement, & peu-à-peu l'on augmente la dilatation avec ménagement & par degrés, jusques à l'introduction de la main entière, & on saisit le fœtus: mais ce n'est qu'après avoir attendu les efforts inutiles de la nature, qu'on doit se permettre ces manœuvres; car elle est presque toujours capable de se suffire à elle-même par ses propres forces, d'abord en moulant & ajustant le fœtus au bassin, ensuite en l'expulsant.

Dans le cas du part prématuré, c'est-à-dire, de l'avortement, qui s'annonce par le gonflement de la nature & du fondement de la cavale, l'inquiétude avec laquelle elle se couche & se lève sans cesse, la position de la tête qui est basse & penchée, la langue blanche & retirée, l'haleine puante, la tristesse, la fièvre, le frisson, le ventre immobile & extrêmement froid, une évacuation séreuse par les mamelles, l'écoulement d'une humeur glaireuse par la vulve, &c., symptômes qui acquièrent plus ou moins d'intensité felon l'age qu'a le fœtus, & les causes qui produisent l'avortement : on doit mettre la jument dans une écurie exposée à une chaleur douce, & tenter la saignée, si l'on soupçonne les coups, un exercice violent, la fièvre, & si l'on apperçoit quelque symptôme inflammatoire : s'il peut être regardé comme l'effet de quelque substance vénéneuse , on emploira les médicamens délayans & mucilagineux, qu'on continuera, s'ils appaisent & tranquilisent la jument; mais si son agitation & les symptômes augmentent, il faut avoir recours à la thériaque; & employer les astringens dans le cas où l'avortement peut être imputé à la foiblesse du tempérament : enfin, en venir à l'extraction du fœtus, s'il étoit mort & ne pouvoit sortir. Du reste, je ne fais qu'indiquer ici des préceptes généraux : les personnes à la tête des haras, connoissent & se servent de remèdes propres à conforter les jumens foibles, à favoriser les efforts de la nature; & ce n'est qu'après avoir sollicité & invité la mère par des moyens divers à des efforts qui peuvent donner lieu à l'expulsion, qu'on doit employer l'opération

K 3

de la main, opération difficile & dangereufe, fi elle n'eft faite par quelqu'un de l'art. Heureufement que les Ecoles royales vétérinaires, en multipliant les connoiffances hippiatriques, ne nous laiffent que peu à defirer fur cet objet dans beaucoup de provinces; nous regrettons feulement qu'elles ne foient pas plus multipliées, & les inftructions mieux fuivies; la mort de M. *Bourgelat*, leur inftituteur, a été pour elles une perte irréparable.

On doit toujours attendre la monte de l'année fuivante pour faire couvrir les jumens. Les nourriffons en feront plus forts, plus vigoureux, plus grands, étant mieux alimentés, d'un lait plus abondant & plus nourriffant que ne l'ont les cavales que l'on fait couvrir neuf jours après qu'elles ont mis bas, & dont les forces font partagées pour nourrir le poulain né & le poulain à naître; le tempérament de la mère en fera auffi plus fortifié & mieux confervé : la fatigue de porter & de nourrir en même temps, affoiblit néceffairement fes organes, la rend vieille avant le temps, & elle ne produit plus que des poulains d'une complexion débile & délicate, d'une ftructure mince & peu propre à réfifter au travail.

CHAPITRE CINQUIÈME.

NEUVIÈME SECTION.

Précautions qu'exige le poulain pendant les pre-
miers jours... Ménagemens qu'exigent la mère &
le poulain jusqu'au sevrage.... Du sevrage.

LORSQUE le poulain eſt né, la mère le lèche
pour enlever l'humeur viſqueuſe qui eſt reſtée ſur
ſon corps au ſortir de l'amnios, & peu de temps
après il fait des tentatives pour ſe mettre ſur ſes
jambes ; mais ſouvent il chancèle & retombe ; ſes
articulations encore molles & mal aſſurées ne le peuvent porter. Dans ce cas il eſt bon de le ſoutenir de
temps en temps pour l'aider à teter. Si la mère refuſoit
de le lècher, on pourroit le ſaupoudrer de quelques
pincées de ſel de cuiſine ou de ſon, afin de l'y exciter : on la veillera attentivement juſqu'à ce qu'elle
ait délivré, ce qui arrive un quart-d'heure ou une
demi-heure après le part, afin de lui empécher de
manger ſon délivre. Si elle paroît fatiguée, abattue,
on la ſoutiendra avec une bouteille de vin & d'eau
dans laquelle on trempera du pain qu'on lui fera
manger. Le poulain doit ſucer le premier lait
de ſa mère (*le coloſtrum*) ; c'eſt un petit lait

clair, fereux, un peu aigre, qui le purge , & lui fait rendre le *meconium* , quand il n'eft pas entièrement forti de lui-même. Le *coloftrum* eft une nourriture que la nature a deftinée au poulain pour lui nettoyer les premières voies , lui éviter des tranchées & plufieurs autres accidens. C'eft un grand mal pour lui que de le priver de cette liqueur bienfaifante, en l'éloignant de fa mère pendant une douzaine d'heures pour l'empêcher de teter, comme nombre d'auteurs le confeillent.

Ainfi, depuis le premier jour de fa naiffance, le poulain trouve au fein de fa mère la proportion toute établie , qui convient le mieux à fa confervation. Il faut les garder l'un · & l'autre fept à huit jours dans l'écurie , nourrir la jument d'excellent foin, de fon de froment, d'orge groffièrement moulue, & lui faire boire de l'eau blanche légérement tiède , afin qu'elle puiffe fe rétablir & avoir du lait en abondance pour fortifier le nouveau né, & lui donner le moyen d'endurer le grand air; enfuite les mettre à la pâture qui ne fera pas éloignée de l'écurie ; une diftance trop confidérable fatigueroit le poulain, qu'il faut avoir l'attention de ne pas expofer au vent ni à la pluie.

Si le poulain dépérit en tetant , foit à caufe que fon eftomac a de la peine à digérer, foit à cause que le lait de sa mère n'a pas les conditions ni la consistance requises; l'on emploira quelques légers purgatifs, & l'on préviendra ensuite la coagulation qui n'est que trop ordinaire en pareil cas, en donnant de temps en temps à jeun une poudre faite de deux dragmes de craie de Briançon, de pareille dose de bol d'Arménie, & d'une même quantité d'os de mouton calcinés. L'on peut incorporer cette poudre dans du miel. S'il est question de rendre au lait de la jument une fluidité convenable, & d'adoucir en elle le sang & les humeurs, on donnera tous les matins à jeun une once de poudre de racine de vipérine, de réglisse & de semence de fenouil dans une jointée de son légérement humectée. Ces remèdes ont été prescrits par de bons écuyers, parmi lesquels je me ferai toujours un devoir de citer feu M. *Bourgelat*, auquel je dois le peu de connoissances que j'ai en hippiatrique. En s'égayant, en courant & en bondissant dans la prairie, les poulains se fortifieront, l'extension de leurs membres en sera plus précoce, & leur accroissement plus parfait. Ils mangeront de temps à autre de l'herbe, teteront moins fréquemment, & par-là supporteront plus aisément la privation du lait quand on les sevrera.

C'est au bout de six ou sept mois, tems où l'on remet les poulains à l'écurie, qu'il faut les sevrer de la mamelle. Leur eſtomac encore foible, eſt pourtant aſſez fort pour digérer des alimens plus ſolides que le lait. On les ſèvre en leur donnant chaque jour un peu de bonne herbe, ou foin fin, & à boire de l'eau blanche, & trois fois la ſemaine une petite portion de farine d'orge, qu'on augmente ainſi avec diſcrétion pendant douze à quinze jours, pour les accoutumer petit à petit à cette nouvelle nourri-ture ; après quoi on les ſépare vingt-quatre heures de la mère ; on les laiſſe reteter une ſeconde fois, enſuite on les éloigne pour toujours.

C'eſt une erreur de laiſſer teter un poulain bien conſtitué juſqu'à dix à douze mois; la nourriture sèche que prendra celui ſevré à 6 ou 7 mois, lui formera un tempérament plus ferme & plus vigou-reux, un ſang plus vif, une taille plus dégagée qu'à celui qui n'aura abandonné le mamelon que dix ou douze mois après ſa naiſſance.

On traitera la mère avec de l'eau blanche, en lui diminuant plus ou moins ſa nourriture, ſelon la quan-tité de lait qu'il faut lui faire paſſer, obſervant de la tenir chaudement.

CHAPITRE SIXIEME.

DIXIÈME SECTION.

Régime du Poulain pendant les deux premières années..... Son éducation les deux années suivantes.

LES poulains étant sevrés, on les met ensemble dans la même écurie, sans distinction de sexes, on les laisse jouer entr'eux, veillant à ce que les forts ne gourmandent point les foibles, & ne les expulsent du manger ; les nourrissant alors de paille concassée, & un peu arrosée d'eau tiède, de façon qu'elle ne soit ni trop sèche ni trop humide ; ou de foin tendre & doux ; & trois fois la semaine, à midi, la même quantité d'orge broyée & de son qu'on leur donnoit, & on les fait boire deux fois par jour. Les écuries seront situées au midi & à l'abri des vents du nord, élevées, & non humides, bien claires, & surtout bien aérées ; sans quoi les poulains respirent un air fétide & impur, qui a perdu son ressort, & qui peut affecter leur poitrine. Les écuries ressemblent aux hôpitaux, plus elles contiennent de chevaux, plus l'air est sujet à prendre de mauvaises qualités, &

à déranger la santé des animaux bien portans. Pourvues d'une cheminée conique où l'air auroit un libre cours, & se renouvelleroit souvent, elles contribueroient bien mieux à conserver la santé des animaux qu'on y renfermeroit. M. l'Abbé *Teffier* propose, dans ses *observations sur plusieurs maladies des bestiaux, Paris, in-8°, 1782,* des moyens aussi simples que peu dispendieux, pour corriger les vices des écuries qui sont construites, & pour guider dans la construction de celles qu'on voudroit bâtir. J'engage les cultivateurs à voir à la fin de l'ouvrage le plan d'une écurie que donne cet auteur; plan qui réunit tous les avantages qu'on peut desirer... On a observé que le froid incommodoit moins les poulains que le chaud. Ainsi il vaut mieux qu'ils éprouvent à l'écurie le froid, pourvu qu'il ne soit point excessif, que d'éprouver une chaleur qui leur cause une transpiration trop abondante, qui les épuise & les énerve, leur cause des maux d'yeux, &c. On doit les tenir très-proprement; le fumier leur gâte les pieds, & les émanations en sont pernicieuses, & laissent dans le poumon des impressions facheuses, qui disposent ce viscère aux maladies vives & chroniques, dont il est si souvent attaqué. Le ratelier & la mangeoire ne seront pas trop exhaussés; la nécessité de lever la tête trop haut leur fausseroit l'encolure; il est même plus à propos de n'en faire aucun usage.

On les laiſſera courir, de tems à autre, & s'égayer dans la cour de l'écurie, où il n'y aura rien qui puiſſe les bleſſer, pour tenir leurs membres dans la ſoupleſſe néceſſaire aux fonctions vitales; & s'il fait beau, & qu'on les conduiſe aux pâturages, il faut leur donner le ſon, & les faire boire une lieure avant; jamais ne les expoſer à la pluie, ni les faire ſortir trop matin & rentrer trop tard.

C'eſt dans les premières années de la vie, où le tiſſu des fibres eſt très-délicat, où les organes ſont les plus tendres, que la bonne qualité des ſubſtances alimentaires, l'exercice & le repos combinés à propos, la reſpiration d'un air libre & pur, influent d'une manière plus marquée ſur le développement des parties du poulain, & ſur ſa conſtitution future, qui ne pourra qu'être vigoureuſe, ſi tous ces agens, dirigés avec diſcernement, n'ont point eu chez lui de défaut d'organiſation primitive à combattre.

Lorſque le printems arrive, les poulains ont alors un an; menez-les aux pâturages avec ceux de leur âge, mais non avec des plus vieux, qui les monteroient & s'énerveroient; mettez-leur de temps à autre, dans les auges placées ſous les hangards, quelque peu de grain moulu pour les fortifier de plus en plus; l'expérience faiſant voir que les poulains ainſi nourris deviennent plus beaux, plus forts, plus nerveux que ceux qui n'ont que del'herbe ou du foin. On les laiſſe coucher à l'air pendant tout l'été, ce qui les rend plus vigoureux & plus durs au travail & à la peine ; on évite de leur laiſſer paitre le regain, qui les rendroit trop friands.

Aux approches de l'hiver, on les retire d'ordinaire dans l'écurie, ſéparément des autres d'un age & d'un ſexe différens, en continuant de les nourrir avec de la paille concaſſée, du bon foin & du grain moulu, ou du ſon de froment, proportionnément à leur age ; on leur fait bonne litière, les laiſſant en liberté, ſans être attachés, & ſans les panſer de la main, leur peau étant encore trop délicate pour le ſouffrir ; on ſe contente de les bouchonner légèrement de temps en temps.

ONZIEME SECTION.

Au printems ſuivant, les poulains atteignent leur deuxième année. Alors ils iront aux herbes avec ceux de leur age & de leur ſexe ; ils dépériroient & s'échaufferoient auprès des femelles qu'ils fatigueroient inutilement. A leur retour, on commence à les attacher avec le licol ; on les ſépare des pouliches & des jumens auſſi-bien à l'écurie qu'aux pâturages ; on leur tond la queue afin que les crins en deviennent plus beaux, plus longs, plus touffus ; mais je n'approuve pas qu'on leur coupe la crinière, parce qu'en revenant plus épaiſſe, elle ſurcharge l'encolure, & devient un refuge pour la craſſe. Je préfère que cette tonte ſe faſſe à l'entrée de l'hiver ; afin que les crins aient le temps de repouſſer ſuffiſamment pour chaſſer les mouches l'été ſuivant. On s'approche ſouvent d'eux pour les accoutumer à l'homme, on les panſe, on les étrille, on leur donne, une fois par ſemaine, du ſel à manger ; ce qui fortifiera l'action des organes de la digeſtion, & favoriſera le mélange des alimens avec les ſucs qui doivent les diſſoudre. Il ne faut pas couvrir de fer ni d'aucun métal, le bord de la mangeoire, pour le préſerver d'être rongé par les chevaux ; ils apprennent à en lécher la rouillure qui provient de l'humidité de leur bouche, & peu-à-peu tirent & regorgent l'avoine, ou ticquent ; défaut qui ſe gagne, un cheval l'apprenant à l'autre.

A l'âge de trois ans, ils ont acquis aſſez de fermeté & de ſoupleſſe pour aller aux montagnes. C'eſt le bon temps pour les y envoyer ; en montant, en deſcendant, ils gagneront de la force, de l'haleine, de la liberté dans les mouvemens, &c. Il n'y a preſque pas de province en France, où il n'y ait des montagnes propres à ſervir de pâturages, & celles qui en manquent, pourroient envoyer leurs chevaux dans les montagnes voiſines ; cette émigration ne peut que leur être salutaire , elle est même très-favorable alors à l'espèce. Les provinces limitrophes devroient s'entendre ensemble, pour faire chaque année échange de troupeaux ; par exemple, un habitant de Provence enverroit ses poulains dans les pâturages d'un nourricier du Dauphiné ou du Vivarais, & ceux-ci feroient passer les leurs dans les pâtures du Provençal. Il en seroit de même des poulains des haras appartenans aux provinces.

C'est à cet âge ou l'on doit marquer les poulains ; c'est à cet âge aussi où ils ont acquis la force nécessaire pour supporter l'opération de la castration, amputation cruelle que je rejette, que je blâme, & que je desirerois voir prohibée : il est honteux que le cheval lâche, foible, insensible, soit préféré au cheval ardent, vigoureux & superbe. N'ouvrira-t-on jamais les yeux sur le mal que produit la castration, & ne reviendrons-nous point de cette ancienne & bizarre méthode européenne, de détruire ainsi la moitié de leur force & de leur courage ? Les mutilés ne prennent point les formes dessinées, qui annoncent la vigueur du mâle ; sa robe n'a point cet éclat qui distingue le cheval d'une existence intacte ; les poils sont plus longs ; les crins, au lieu de devenir lisses, brillans & ondulés, ressemblent à des étoupes. La fierté du regard, l'action des oreilles, la noblesse des mouvemens, tout a disparu avec les marques

de

de sa virilité. Mais, dit-on, quels accidens il arriveroit, si tous les chevaux étoient entiers ? Vaine terreur ! En Arabie, en Perse, dans tout l'Orient où ce barbare usage est inusité, & plus près de nous encore, la cavalerie Espagnole, comment fait-elle ? Ses chevaux sont-ils d'une autre nature que les nôtres, sont-ils moins propres à la génération ; cependant on les maîtrise, on les contient. Dans les écuries des souverains, dans les académies, ne voit-on pas des chevaux entiers être tranquilles ; n'en voit-on pas au carrosse être aussi sages & aussi dociles que des chevaux hongres, & rester dans la tranquillité la plus parfaite à côté d'une voiture attelée de jumens ; & souvent n'en trouve-t-on pas d'attelés avec des cavales ? Qu'on gagne le cheval avec de bons traitemens, de la douceur, & sur-tout avec de bons principes, prudemment employés, alors on aura l'avantage de posséder des chevaux ardens, superbes, dociles à la voix de leurs maîtres, obéissans au mors & à l'éperon ; alors on aura des chevaux qui rendront des services doubles & triples de ceux que nous en recevons ; alors on rendra justice à la noble franchise de leurs actions ; alors enfin on éprouvera la jouissance réelle & agréable de monter à cheval ; jouissance dont les chevaux hongres ne donnent qu'une idée imparfaite.

Au reste ceux qui sont partisans de la castration,

obſerveront que le poulain qui a la croupe aſſez fournie, mais l'encolure effilée, doit être hongré plus tard que celui dont l'encolure ſera forte, & la croupe mince; le corps s'épaiſſiſſant toujours de plus en plus dans les poulains qui n'ont point été opérés. On obſervera de choiſir le printemps & l'automne pour faire cette opération. Le froid & la grande chaleur y ſont contraires.

En revenant des montagnes ou des pâturages, les poulains ont trois ans & demi; alors on les tient conſtamment à une nourriture ſèche; & pour que cette mutation d'alimens ne cauſe aucune révolution, on a la précaution de leur donner un breuvage contre les vers. M. *Lafoſſe* preſcrit la ſuie de cheminée dans du lait. Ce vermifuge eſt très-efficace & peu coûteux. La doſe eſt d'une poignée dans une chopine de lait : il n'a point cette odeur déſagréable & tenace de l'huile empyreumatique animale, tant vantée par M. *Chabert* dans *ſon traité des maladies vermineuſes des animaux.* Pendant quelque temps, on ne leur donne que de la paille de froment très-fine & du ſon; enſuite on les met inſenſiblement au foin, c'eſt-à-dire, qu'on les nourrit avec égale portion de foin & de paille; & ils ont alternativement du grain moulu & du grain entier; il eſt bon que celui-ci ait été mouillé avant de leur être préſenté; ce n'eſt qu'à cet âge que je leur permets de manger du grain entier ; avant cette époque, les efforts qu'ils auroient a faire pour le broyer, fatiguant trop les mufcles de la tête, relâcheroient les vaiffeaux de cette partie, la rendroit graffe, chargée de chair, &c.

C'eft dans ce même temps qu'on les aborde fouvent en leur parlant, en les flattant ; qu'on leur manie fréquemment les jambes, qu'on leur lève les pieds, en frappant légèrement fur la fole, pour les accoutumer à être ferrés ; on leur met fur le dos, pendant une heure ou deux chaque jour, une felle légère, un harnois. On les habitue à recevoir un bridon dans la bouche, enfin on emploie la patience, les careffes, la douceur, pour les rendre dociles & obéiffans ; un moment de brutalité eft toujours funefte, & fouvent capable de les rendre indociles & ennemis de l'homme. Il n'y a point d'animal qui fe reffouvienne mieux que le cheval des coups & autres châtimens qu'on lui a donnés mal-à-propos. On les promène deux fois le jour avec ménagement, en les faifant conduire, avec le caveffon, par un homme doux & prudent, monté fur un cheval fage & tranquille, ou à pied.

DOUZIEME SECTION.

Au printemps qui suit, l'élève atteint sa quatrième année. Les Arabes, les Turcs, &c. ont coutume de donner alors le feu aux jambes de leurs chevaux : J'approuve beaucoup cette méthode, encore qu'ils n'en aient pas besoin, d'autant que son effet est de restreindre, resserrer, atténuer & amaigrir les parties engorgées, & que l'on ne voit presque jamais arriver de maux aux parties qui ont eu le feu ; mais ce feu ne doit pas être donné grossièrement, comme le donnent la plupart des maréchaux, qui enfoncent le cautère lourdement, jusqu'à ce qu'ils percent le cuir, & dont les marques, formant de grosses raies, témoignent par écrit leur maladresse. Après avoir rasé la partie, il faut appliquer légèrement le couteau de feu, rouge médiocrement, jusqu'à ce que la chair prenne une couleur de cerise, faire une raie droite, depuis le milieu du canon jusqu'au pâturon, & trois ou quatre obliques de chaque côté, ayant soin de ménager les angles où les lignes se réunissent, de peur d'occasionner de trop grandes escarres. Les uns veulent que le couteau de feu soit de cuivre, d'autres le demandent d'argent, il y en a qui le desirent d'or, comme d'un métal plus pur.

Le métal n'y fait rien, tout dépend du degré de chaleur & de la légéreté de la main : je l'ai donné maintes fois aux jambes & aux jarrêts, tant extérieurement qu'intérieurement, toujours avec un couteau de cuivre, & l'œil ne pouvoit en difcerner la marque, à peine fe retraçoit-elle au toucher.

Dans le cas où, trop foumis aux préjugés, l'on auroit de la répugnance à faire donner le feu, voici un remède convenable pour conferver les jambes des chevaux. Ce remède eft indiqué par Jean *Tacquet* & par *Soleïfel*, qui le tient fans doute du premier; mais ces deux autorités ne fuffiroient pas pour m'engager à le recommander, fi je n'en avois fait plufieurs épreuves, & fi je n'en avois toujours reconnu l'efficacité & l'excellence.

Prenez une livre d'*huile d'olive*, un quarteron de *fel de verre*, demi-once de *fang de dragon*, un quarteron de *caftoreum* bien fec, le tout pilé & mélé enfemble dans une pinte d'efprit-de-vin, & à défaut, de bonne eau-de-vie, & au bout de vingt-quatre heures, mélez-y un demi-pot de fort vinaigre & autant d'urine; faites bien bouillir & écumer pendant une heure; & de cette mixtion auffi chaude que la main peut le fupporter, frottez-en les quatre jambes du cheval, depuis le haut jufqu'en bas, pendant huit à dix jours de fuite, le matin, à midi & le foir ; il n'y a d'autre précaution à prendre que de laiffer repofer le cheval dans l'écurie, & veiller qu'il n'ait pas les jambes humides : on peut le répéter deux fois en un an, au printemps & à l'automne.

Enfin, dans le cas où ni le feu ni ce remède ne feroient pas accueillis, il faut au moins faire fur les jambes des poulains, des lotions fpiritueufes, ce qui joint à l'exercice, préviendra ou diffi-pera l'enflure qui leur furvient quelquefois, fur-tout à ceux qui font mis au fec, & retirés dans les écuries.

· Le poulain ayant atteint l'âge de quatre ans, a acquis le droit d'être exercé légèrement & non tra-vaillé ; car le travail l'énerveroit de bonne heure, & fes membres en contracteroient des défectuofités. On commence donc par le faire trotter à la longe, avec un caveffon fur le nez, fur un terrein uni fans le monter, & feulement avec la felle ou le harnois fur le corps ; & au bout de quelques mois de le-çons, on commence à monter celui qui eft def-tiné pour la felle, & à atteler à une voiture légère celui qui doit être employé au trait. Enfin on dreffe les uns & les autres avec la patience & la douceur que ces animaux exigent, & fuivant les principes établis & reçus dans les bonnes écoles, principes dont je fuppofe abondamment pourvus les infpecteurs-écuyers, ou autres qui feront à la tête des haras. J'avois d'abord eu l'intention d'indiquer ici ma méthode pour inftruire les chevaux, & obtenir d'eux, par les moyens les plus fimples & les moins fatigans, l'obéiffance la plus exacte & la plus parfaite, en tout ce que la conformation & les forces de ces animaux peuvent leur permettre; mais la crainte d'augmenter cet ouvrage déjà trop long, m'a fait changer de deffein ; je réferve mon travail fur cet objet, pour fervir de feconde partie à un autre ouvrage, qui paroîtra bientôt, fi celui-ci eft bien accueilli.

C'eft auffi dans ce temps qu'on coupe la queue à *l'angloife* aux chevaux deftinés pour la chaffe. Cette opération, qui a été d'abord en France un fecret, mais qui eft actuellement très-connue, n'eft d'aucun danger. Elle donne de la grace au cheval, & femble lui procurer une certaine légéreté, qui manque aux chevaux qui ne portent pas naturellement leur queue en trompe. Elle doit être coupée d'une certaine longueur, & être garnie de fes crins.

L'ufage de couper les oreilles très-courtes dans leur forme naturelle, qui commence à s'introduire parmi nous, n'eft point aufli agréable que l'amputation de la queue ; on peut dire même qu'elle dépare le cheval, l'enlaidit, le défigure ; & je ne conçois pas qu'elle ait pu prendre faveur parmi une nation telle que l'angloife, qui aime, chérit les chevaux, & cherche à les embellir. Cette coutume eft cependant fort ancienne en Angleterre ; car l'an 747, le Pape Grégoire II, dans une lettre qu'il écrivit à faint Auguftin, lui ordonna de faire un canon dans une affemblée eccléfiaftique, tenue à Yorck, pour abolir, entr'autres cruelles coutumes, celle de couper la queue & les oreilles aux chevaux (1) : opération que les Anglois nomment *crapfer*, appelant *craps* le cheval ainfi mutilé.

Lorfque les poulains vont prendre cinq ans, il eft à propos, fi on le peut, de les mettre au *verd*, parce que cela leur fait un fang nouveau & bon, en le dépurant, le rendant plus fluide, & en diffolvant les vifcofités, en leur relâchant le ventre, & les purgeant principalement par les urines ; mais il eft pernicieux aux chevaux qui font pouffifs, farcineux, morfond ceux qui ont paffé fept ans, & eft inutile

---

(1) Vid. Spelman's Councils of england, Where are the decrees of the Council of Calchut, vol. 1, pag. 293, fee alfo Collier's, Ecclefiaftical hiftory, vol. 1, pag. 137.

à ceux qui font dans leur fixième année, & qui ne font pas malades.

Pour mettre le cheval au verd, ce qui fe fait toujours au printemps, tous les auteurs ont demandé de le laiffer bridé dès le matin, fans boire, fans manger, de lui faire tirer environ trois livres de fang, & de lui ouvrir encore la jugulaire lorfqu'il aura fini de manger le verd, c'eft-à-dire, au bout d'un mois, & de le purger. Mais cela eft fort inutile : la faignée & les purgatifs n'ont point la propriété de préparer l'animal à éprouver de meilleurs effets des herbes vertes, ou à revenir au fourrage ordinaire. On met le cheval au verd, c'eft-à-dire, qu'on lui donne de l'orge ou de l'herbe fauchée chaque jour, & lorfque la rofée eft encore deffus, poignée par poignée, tant qu'il veut en manger. On le tient chaudement & couvert, parce que le froid peut le rendre fourbu. Auffi eft-ce une des principales raifons qui doivent engager de faire manger le verd dans l'écurie de préférence dans les pâtures.

Au bout de trois femaines ou d'un mois que le cheval aura mangé le verd, on lui donnera peu-à-peu du foin, de la paille, de l'avoine, & on le promènera, afin de le remettre petit-à-petit à la nourriture sèche & en haleine ; & dans l'intervalle des huit premiers jours, on lui fera prendre, chaque jour, dans du miel, du fon ou de l'avoine, vingt-quatre grains d'œtiops minéral, ou deux onces de racine de gentiane, comme vermifuge, & ftoma-chique.

Fin de la troifième Partie.

QUATRIÈME PARTIE.

Notice de tous les ouvrages écrits ou traduits en françois, relatifs aux Haras.

AUTEURS GRECS.

Histoire des animaux d'Aristote, avec la traduction françoise, par M. CAMUS, avocat au parlement, censeur royal, Paris. 1783, 2 vol. in-4°.

PARMI les Grecs, *Aristote* est le seul auteur dont l'ouvrage sur l'histoire naturelle, soit parvenu entier jusqu'à nous. Il vivoit du temps d'Alexandre, dont il fut l'instituteur, environ quatre cents ans avant J. C. Cet ouvrage a eu plusieurs versions & traductions grecques, latines & françoises. Quoique celle de M. Camus soit encore très-inexacte, elle est cependant la meilleure.

Aristote a divisé son ouvrage en neuf livres, c'est dans le sixième, chap. XXII, qu'il s'occupe de la génération des chevaux.

Entre les femelles des animaux, la plus ardente est la cavale ; elle est folle du mâle, & souffre ses caresses même étant pleine. Le mâle & la femelle commencent quelquefois à s'accoupler à deux ans, & le poulain qu'ils ont à cet âge, est petit & foible. Le plus ordinairement, ils commencent à s'accoupler à trois ans, jusques à ce qu'ils aient atteint leur vingtième année. La beauté de leurs poulains va toujours en croissant ; mais c'est lorsque les premières dents sont tombées, (c'est-à-dire à quatre ans & demi), qu'ils donnent des poulains de bonne qualité. Les chevaux & les jumens âgés sont plus propres à la propagation que les autres. Le cheval est en état de saillir en toute saison & tant qu'il vit. A *Opunte*, on a vu l'étalon d'un haras encore saillir à quarante ans ; mais il falloit l'aider à lever les jambes de devant. La jument peut aussi concevoir en toute saison, & produire tant qu'elle vit. (Il vient cependant un âge où le germe de la fécondité est détruit.) Dans le temps de leurs amours, les cavales se penchent réciproquement les unes sur les autres, plus que de coutume ; elles agitent fréquemment leurs queues ; leur hennissement n'est plus le même : alors leurs parties naturelles se gonflent,

[173]

& il en diftile une liqueur femblable à la femence du mâle, qu'on appelle *hypomanés* : elles
urinent fréquemment. Celles qui ont les crins coupés ont moins de vivacité, & font plus triftes.
(Quelle coquetterie *Ariftote* fuppofe aux jumens,
de les croire fenfibles à la perte de leurs crins.) Le
nombre des accouplemens, pour que la femelle con-
çoive, n'eft pas fixé : elle conçoit quelquefois dès le
premier, quelquefois au deuxième ou troifième, ou
plus tard ; on prétend que dans les momeus de chaleur, une cavale peut être fécondée par le vent :
c'eft pourquoi en Crète, on a l'attention alors de
ne pas féparer d'elles les étalons. Quand elles font
dans cet état, elles courent loin des autres chevaux,
fans jamais diriger leur route vers le levant ou le
couchant, mais uniquement vers le nord ou le midi.
Elles ne fouffrent pas que perfonne les approche,
& elles vont jufqu'à ce que la fatigue les excède, ou
qu'elles foient arrivées au bord de la mer. (C'eft
un conte que la fécondité des jumens, par le feul effet
du vent. On en trouve les premiers germes dans l'I-
liade. *Ariftote*, en répétant ce fait, s'eft bien gardé
de l'annoncer comme certain. *On prétend*, dit-il ;
mais cela ne fuffit pas, il auroit dû combattre cette
fable, qui a été répétée avec conftance, & donnée
pour un récit véritable par tous ceux qui ont écrit,
depuis lui, fur cet objet.) Les étalons diftinguent à

l'odorat les jumens avec lefquelles ils ont accoutumé de paître, quand on ne les auroit laiffés que
peu de jours enfemble, avant le temps de l'accouplement. Si on les confond avec d'autres, ils chaf-
fent celles - ci à coups de dents, & vont paître à
part avec leurs femelles. On donne à un étalon trente
jumens, ou à peu près. Un autre cheval approche-
t-il; le premier, en tournant autour d'un même
point, l'enferme dans un cercle, & vient l'atta-
quer. Si quelque jument remue, le cheval la mord
& l'oblige de fe tenir en repos. (Cette jaloufie eft
naturelle aux chevaux, & la même chofe arrive encore à ceux qui vivent errans dans l'Ukraine, la
Tartarie, &c.)

La jument porte onze mois, & met bas au douzième. De toutes les femelles des quadrupèdes; c'eft
celle qui accouche avec le plus de facilité qui
vuide le plus parfaitement les lochies, & qui perd le
moins de fang eu égard à fon volume. Lorfqu'elles
ont pouliné, elles ne deviennent pas en chaleur fur
le champ. Le plus sûr eft de ne les faire porter que
la quatrième ou cinquième année de leur âge, &
leur en laiffer une pour fe refaire. Lorfqu'elles ont
mis bas, elles dévorent le chorion; elles arrachent, &
mangent auffi une excroiffance qui eft fur le front du
poulain, & qu'on nomme *hypomanès*. C'eft un
corps un peu moins gros qu'une figue, d'une forme

plate, arrondie & noir ; fi l'on prévient la jument, & qu'on enlève l'*hypomanès*, mais qu'elle fente où on l'a mis, cette odeur la met hors d'elle, & la rend furieufe. (*Ariftote* a la fage précaution d'avertir que les contes que l'on débite à ce fujet, ont été forgés par des femmes ou par des enchanteurs. Il eût été à defirer qu'il eût eu la précaution de vérifier la nature & la fituation de l'excroiffance de chair dont il s'agit, pour ne pas répéter une erreur que tous les écrivains qui font venus après lui, ont copiée. L'exiftence de cet *hypomanès*, eft une chimère, ainfi que je l'ai fait obferver dans ma première note du quatrième chapitre de la troifième partie, ce que j'aurai encore plufieurs fois occafion de faire dans le cours de cette analyfe.) Parmi les cavales qui paiffent enfemble, s'il en meurt une, les autres fe chargent de fon poulain. En général, ces animaux ont beaucoup d'attachement pour les petits de leur efpèce. Une preuve, c'eft que fouvent des cavales ftériles enlèvent à leurs mères des poulains, pour les élever. (Ce fait eft fans doute avancé fans preuves. Il y a impoffibilité phyfique, le défaut de lait les feroit périr.) Un étalon couvre fa mère, il couvre également celle qui eft née de lui ; & on regarde un haras comme complet, lorfque les jeunes jumens peuvent être couvertes par leurs pères. (C'eft au contraire un moyen affuré de dégrader l'efpèce. Dans la fucceſſion des chevaux , comme dans celle de tous les autres individus, il eſt eſſentiel d'éviter les confanguinités , & fur-tout les inceſtes au premier degré.) Cependant *Ariſtote* laiſſe entrevoir que les chevaux ont une averſion décidée, une horreur pour l'inceſte ; car il dit qu'on rapporte qu'un roi de Scythie, ayant une jument de bonne race, qui n'avoit donné que des productions excellentes, deſira avoir un poulain de cette jument, faillie par le meilleur des chevaux dont elle étoit mère. On la mena pour être couverte ; mais il refuſa. Alors on voila la jument, & on la lui préfenta fans qu'il la reconnût ; mais lorſqu'après être deſcendu, on découvrit la tête de la jument, & qu'il l'eût reconnue, il prit la fuite, & alla fe jeter dans un précipice. Si une jument, après avoir été couverte par un cheval, l'eſt par un âne, cet accouplement fait périr le fœtus déjà exiſtant. Une jument ne recevroit point un âne qui n'auroit pas été nourri par une cavale, de même l'âneſſe, par rapport au cheval. (L'âne refuſe naturellement de faillir la jument, & pour l'y déterminer, on a foin de lui préfenter une âneſſe en chaleur, à laquelle on fubſtitue enfuite la jument. Dans le temps d'*Ariſtote*, où l'on ne faifoit pas couvrir en main, il étoit néceſſaire, pour vaincre cette averſion, de faire élever des ânes par des jumens, afin qu'ils ne les dédaignaſſent

pas ,

pas, à cause de l'habitude contractée de vivre avec elles. On les appeloit *nourriſſons de jumens* ; & ils les couvroient dans le parc, comme le faiſoient les chevaux).

Les chevaux vivent, ſelon Ariſtote, vingt-cinq à trente ans ; & ſi l'on en a ſoin, ils vont juſques à cinquante. On a l'exemple d'un qui a vécu ſoixante-quinze ans ; mais le terme commun eſt trente pour le mâle, & vingt-cinq pour la femelle : les étalons vivent moins, parce qu'ils s'uſent au ſervice des jumens. La jument à cinq ou ſix ans, ne croît plus en longueur ni en hauteur ; pendant les années ſuivantes elle prend du corps, & elle achève de ſe former.

---

*Les **XX** livres de Conſtantin Céſar, auxquels ſont traités les bons enſeignements d'agriculture ; traduits en françois par M. Anthoine Pierre, licentié en droit ; reveu de nouveau par ledit traducteur. Paris, chez Gilles Corrozet, in-8°, 1550.*

Cet Ouvrage eſt la traduction du recueil grec & latin, intitulé *Geoponicorum ſive de re ruſtica, libri XX*, &c. dont M. *Seguier*, (Bibliot. Botan.) indique dix-huit éditions, parmi leſquelles il y en a

M

fix françoifes. Ce qui regarde les haras eft extrait *d'Apfyrte*, auteur que quelques Biographes font vivre fous Conftantin le Grand, & d'autres, avec plus de fondement, fous L. Septime Sévère : (lettre de M. *Bacher*, à M. *Carrere*.)

C'eft dans le premier chapitre du feizième livre que font contenus les préceptes que voici :

Les jumens deftinées à procréer, feront grandes, bienfaites, auront beau regard, les flancs & la croupe larges, feront âgées au moins de trois ans, & pas plus de dix. Elles feront couvertes dans l'inter-vale du 22 mars au 22 juin ; fi on les faifoit couvrir dans le folftice d'été, le poulain dégénéreroit, & feroit un animal inutile. La cavale porte onze mois & dix jours. Lorfqu'elle eft en chaleur & qu'elle refufe le mâle, il faut ne le lui préfenter qu'au bout de dix jours, & fi elle ne l'admet pas encore, l'en féparer to-talement. Il faut éviter auffi qu'elle n'endure le froid, car il eft contraire aux jumens pleines. L'étalon fera grand de corps & bienfait de tous les membres. Dans le temps qu'on le met avec les jumens, il faut éviter de le faire travailler, & ne le laiffer faillir que deux fois le jour, le matin & le foir ; s'il re-fufe le fervice, on torchera la nature des jumens, & on lui en frottera les nazeaux. C'eft à l'âge de dix-huit mois accomplis qu'on commencera à appri-voifer les poulains, à leur mettre un licou, & à fuſpendre une bride à leur mangeoire, afin qu'ils s'accoutument à la connoître & au bruit qu'elle fera. On les domptera à trois ans, avant qu'ils ſoient ventrus. Les qualités qui feront reconnoître qu'un poulain ſera un bon cheval, ſont quand il a la tête petite, les yeux noirs, les oreilles courtes, les crins longs & crépus, le devant large & plein, les épaules larges, les cuiſſes droites & muſculeuſes, le ventre de bonne grandeur, les teſticules longs, le dos double, les reins petits, la queue longue & touffue, les jambes droites, l'ongle rond & dur; s'il n'eſt point timide & s'il ne s'épouvante pas de ce qui peut lui apparoître ſoudain, s'il marche à la tête du troupeau, & s'il eſt le premier à paſſer les rivières & les étangs.

La vraie cognoiſſance du cheval, ſes maladies & remèdes, par J. J. D. E. M. (Jean Jourdain, docteur en Médecine), avec l'anatomie de Ruini...... On y trouvera la façon de le pouvoir élever, nourrir, &c., le tout tiré des anciens auteurs grecs, &c. A Paris, chez Thomas de Ninville, 1647, in-fol., avec fig.

Le recueil dont nous venons de donner la notice, n'eſt pas le ſeul que nous ayons des Grecs; il en exiſte encore un, contenant une collection de différens auteurs, fur l'art vétérinaire, qui a été publié en grec & en latin, qui a eu deux traductions françoifes. La première que nous n'avons pas vu, fut publiée en 1563, *in*-4°. par J. Maffé. La deuxième eft celle dont nous venons de tranfcrire le titre ; elle reparut, en 1655 & 1667, fous d'autres titres, mais fans aucun changement.

Le fentiment d'*Anatolius* eft que le cheval & la jument ne font propres à la génération qu'à l'âge de cinq ans ; & que c'eft alors feulement qu'il faut les y deftiner. *Aphrodifeus* exige qu'on ne faffe faillir les jumens que tous les deux ans, & fur-tout celles qui auront porté un mâle. Pour faire concevoir les cavales ftériles, il faut, felon le confeil d'*Hypocrate*, prendre falpètre, fiente de moineau & thérébentine, mélés enfemble, & mettre dedans la nature. Si deux jours après qu'elle aura été faillie, on met dans le vagin, avec un cornet, un verre de vin, où ait trempé une poignée de porreaux, elle ne fera plus ftérile ; & fi une jument défiftoit à porter, il faudroit prendre une livre d'anis, fix onces de mirrhe, un demi drakme de fafran, le tout pilé & réduit en en forme de fuppofitoire, les mettre l'un après l'autre dedans le fond de la matrice (du vagin) l'ayant auparavant lavé avec l'huile & eau marine, faifant frotter tous les jours les lombes, & deffous les cuiffes, jufques à ce qu'elle foit pleine.

Hieroclès dit, que pour connoître si la cavale est pleine d'un mâle ou femelle, il faut avoir égard à la plus grosse & plus ferme mamelle; si c'est la droite, ce sera un mâle, si c'est la gauche, une femelle.

Apsyrte prétend que, quand le cheval se lève aussi-tôt qu'il est châtré, & hennit, il ne guérit pas facilement, & que si cette opération se fait lorsqu'il a jeté ses secondes dents, il ne changera pas ensuite les autres, qu'elles ne croîtront pas d'avantage.

Theomneste assure qu'il arrive aux jumens qui se voient dans l'eau, de devenir amoureuses d'elles-mêmes, au point d'en perdre le boire & le manger, de dessécher d'ardeur, de courir çà & là, &c. & qu'on les guérit de cette rage en les ramenant à l'eau; car, dit-il, lorsqu'elles voient comme elles sont laides, elles oublient leur première image. (Sans nous arrêter à réfuter ici ce que dit *Theomneste*, tâchons d'y voir deux vérités : 1°. que les jumens dépérissent dans le temps qu'elles sont en chaleur, & qu'elles deviennent maigres, &c. 2°. Que le bain, en calmant cette ardeur, en assoupissant & humectant la fibre, rétablit la santé, l'embonpoint, &c.)

Jourdain, dans cet ouvrage, se contente de rapporter le sentiment des auteurs qu'il cite, sans presque jamais donner le sien. Sa compilation, assez rare aujourd'hui, est curieuse & très - utile, parce qu'elle renferme des obſervations qu'il ſeroit très-difficile, & quelquefois impoſſible au lecteur de recueillir.

AUTEURS LATINS.

Les agriculteurs Latins, ont été, à l'exemple des Grecs, raſſemblés pluſieurs fois ſous le titre de *Autores rei ruſticæ.* — *Rei Agrariæ autores.* — *Scriptores rei ruſticæ veteres,* &c.; & ils ont été réimprimés un très-grand nombre de fois, tant enſemble que ſéparément. On peut en compter aujourd'hui au moins ſoixante-huit éditions ou traductions en différentes langues, parmi leſquelles il y en a ſept en françois; la plus complette, mais la plus inexacte & la plus mal faite, peut-être, en cette langue, eſt intitulée : *Traduction d'anciens ouvrages latins, relatifs à l'agriculture & à la médecine vétérinaire, avec des notes, par M. Saboureux de la Bonneterie, Avocat au parlement,* &c. *A Paris, chez Didot jeune, 1771, & années ſuivantes, 6 vol.* in-8°.

Varron, Collumele & Palladius ayant parlé des haras, nous allons en dire quelque choſe d'après la traduction de M. Saboureux ; mais pour Varron ſeulement , les autres ayant été traduits ſéparément en françois : nous indiquerons ces dif-

férentes traductions, dont nous servirons de préférence.

VARRON.

Il occupe le second volume de la traduction de
M. *Saboureux*. Il dit que les cavales doivent avoir
la croupe & le ventre larges ; les étalons, être d'une
grande taille, d'une belle forme, & bien proportionnés. On peut entrevoir ce que deviendra un
cheval dans la suite, en examinant, lorsqu'il est
jeune, s'il a la tête petite & bien developpée, les
yeux noirs, les nazeaux ouverts, les oreilles bien
plantées, la crinière longue, touffue, frisée, la
poitrine large & étoffée, les épaules fortes, peu
de ventre, les reins serrés par le bas, le dos large,
enfoncé, ou tout au moins non-saillant ; les jambes
droites, les genoux ronds & courts, & qui ne soient
pas tournés en dedans, la corne dûre, & le corps
parsemé de vaisseaux faciles à appercevoir. Pour ce
qui est de la propagation , un seul étalon suffit
pour dix jumens, âgées au moins de trois années,
& pas plus de dix. Il commencera à saillir depuis
l'équinoxe du printems, & continuera jusques au
solstice, afin qu'elles poulinent dans un temps favorable. On donnera l'étalon à la jument deux fois
par jour, le matin & le soir. On tient à l'attache

les cavales pendant l'opération, afin qu'elles foient faillies plus promptement, & que l'étalon ne perde point fa femence en vain, par trop d'ardeur. Les cavales avertiffent elles-mêmes du moment où elles font fuffifamment faillies, en fe défendant contre le mâle qui veut les approcher. (Ce qui contredit *Ariftote*, qui dit que les jumens fouffrent les careffes du mâle même étant pleines.) Si l'étalon manque d'ardeur, on pile de la moelle de fcille dans de l'eau, jufques à ce qu'elle foit réduite à l'épaiffeur du miel, & l'on s'en fert pour frotter les parties de la cavale lorfqu'elle eft en chaleur, & d'un autre côté, on frotte les narrines de l'étalon aux parties même de la cavale. Lorfque les jumens font pleines, il faut éviter de les faire trop travailler ; comme auffi de les tenir dans des lieux froids, parce que le grand froid leur eft contraire. Le poulain vient au monde le dixième jour du douzième mois qui fuit l'accouplement : ceux qui naiffent plus tard, font prefque tous défectueux & inutiles. (L'obfervation ne confirme pas toujours ce fait) : lorfque les cavales ont pouliné, on leur donne de l'orge & à boire deux fois le jour. Le moyen de les conferver plus long-temps, & qu'elles faffent de meilleurs poulains, c'eft de ne les faire faillir que de deux années l'une. Dix jours après que les poulains font venus au monde, on les mène paître avec leurs mères ;

lorfqu'ils ont cinq mois, il faut, quand ils font ren-
trés à l'étable, leur donner de la farine d'orge
détrempée avec du fon. Dès qu'ils auront un an,
on leur donnera de l'orge en nature, & du fon jufques à ce qu'ils ne tetent plus; car il ne faut pas les
fevrer jufques à ce qu'ils aient deux ans accomplis.
(Ce terme eft trop long. Il fuffit que le poulain tete
fix mois. La nourriture qu'il prend enfuite lui forme
un tempérament plus robufte, plus ftable ; le rend
plus nerveux, de meilleure haleine, plus vif ; cela
eft démontré par l'expérience. Il eft démontré encore, qu'en leur donnant du grain à l'âge d'un an,
l'effort qu'ils font alors pour le broyer, leur fatigue
les mâchoires, & y attire le fang & les humeurs, ce
qui leur rend la tête épaiffe & lourde.) Il faut les
toucher de temps en temps, & fufpendre des mords
dans l'endroit où ils feront avec leurs mères, afin
de les accoutumer à l'homme ; à la vue des mords,
& à leurs cliquetis lorfqu'on les remuera : à trois
ans, leur mettre, de temps à autre, fur le dos un
jeune enfant ; & à dater de cet âge, on leur donnera
le verd au printems, fans leur laiffer prendre d'autre
nourriture, parce que ce fourrage eft un purgatif
qui leur eft très-néceffaire. On leur donnera enfuite
de l'orge, après quoi il faudra leur faire prendre un
exercice modéré, & les frotter d'huile lorfqu'ils fe-

ront en fueur. S'il fait froid, on fera du feu dans l'écurie.

J'ai dit qu'*Ariftote* parloit de certains cantons où les jumens étoient fécondées par le vent : *Varron* raconte le fait comme véritable ; tout incroyable qu'il eft, dit-il, & felon lui, c'eft dans l'Efpagne Lufitanique (le Portugal), dans la contrée où eft fitué la ville d'*Olifyppo*, fur la montagne Tager, que fe trouvent des jumens que le vent fait concevoir dans certain temps ; mais les poulains qui en viennent ne vivent pas plus de trois ans. (Cette fable doit peut-être fon origine à la fécondité & à l'extrême vîteffe des jumens de ce pays ; ce qui aura fans doute donné lieu à l'habitude de dire, métaphoriquement, qu'elles étoient fécondées par le vent, & cette expreffion, figurée, aura été prife dans le fens propre.) Il eft bon, dit encore *Varron*, d'éternifer la mémoire d'un fait très-certain, également incroyable. Un étalon refufoit opiniâtrement de faillir fa mère, *l'origa*, (le palfrenier) l'ayant conduit auprès d'elle, après lui avoir enveloppé la tête, & l'ayant forcé de la faillir, lorfqu'il eut fini l'opération, & qu'il eût les yeux découverts, il fe jetta fur *l'origa*, & le déchira à belles dents. (Ariftote raconte ce fait d'une autre manière, & chacun de ceux qui l'ont cité, l'ont brodé à leur mode. Mais comment ajouter foi à ces récits, lorsque nous voyons journellement ces animaux, rechercher sans distinction, & avec ardeur, leur mère, leurs sœurs & leurs filles.)

Les douze livres de Lucius Junius Moderatus Columella, des choses rustiques, traduits de latin en françois, par feu maistre Claude Cotereau, chanoine de Paris ; la traduction duquel ha esté soigneusement revue par maistre Jean Thiery de Beauvoisis ; chez Jacques Kerver, libraire ; Paris, 1555, in-4º.

C'est dans le sixième livre, chapitres 37, 38 & 39, que *Columelle* donne des préceptes relatifs à la propagation des chevaux. Il demande que le haras soit en un lieu spacieux & marécageux, ou en des montagnes continuellement arrosées & jamais sèches, ayant plutôt des herbes molles & douces que grandes & fortes. (L'expérience de nos jours contredit cette opinion.) On aura soin de faire saillir les cavales vers la mi-mars, afin qu'elles mettent bas dans le mois de mars d'ensuite, parce qu'elles portent douze mois, observant de les mettre alors avec des étalons de la première qualité. Les étalons doivent être forcés de nourriture pendant le temps de la monte. On ne leur donnera pas plus de vingt jumens, ni moins de quinze à chacun. Ils peuvent servir depuis trois ans jufqu'à vingt, & la jument, depuis deux jufqu'à dix. (L'âge pour les uns & pour les autres eft trop précoce.) Si l'étalon eft froid, & manque d'ardeur, on lui en donnera, en lui torchant les nazeaux avec une éponge qui a été frottée contre la nature de la jument; fi celle-ci ne ne veut pas souffrir le mâle, on l'échauffe en lui frottant fes parties naturelles avec le jus d'un oignon marin. (Tout ceci, ainfi que la fécondation par le vent, qu'il rapporte auffi, eft copié du grec d'*Ariflote*, & de *Varron*) : ou bien on fait approcher un cheval commun, qu'on laiffe monter deffus, pour animer & exciter fes defirs, & quand elle eft affez en chaleur pour souffrir fes careffes, on le retire, & on le remplace par un beau cheval deftiné à la faillir. (Cet ufage s'eft confervé parmi nous, & je crois que Columelle eft le premier qui l'ait indiqué. Nous nommons les chevaux deftinés à cette opération, *boute-en-train* ; une de leurs principales qualités, doit être d'hennir fréquemment). Il ne faut ni faire travailler, ni mettre en lieu étroit, ni laiffer souffrir le froid aux jumens pleines, ne point toucher avec la main le poulain, le tenir chaudement les premiers jours, l'accoutumer petit-à-petit au grand air, & dès qu'il fera un

peu fort, le laisser aller à la pâture avec sa mère ;
car si on les en séparoit, elles deviendroient malades d'amour de leurs petits. *Columelle* exige qu'on
ne fasse porter que tous les deux ans, les grandes &
belles jumens, afin que le poulain se fortifie mieux
du lait de sa mère. (Conseil sage, & malheureusement point assez suivi). Les signes auxquels on peut
reconnoître & juger de la bonté du poulain, sont les
mêmes que ceux indiqués par *Varron*. *Columelle*
demande encore que l'étalon ait les testicules égaux
& petits ; la queue longue grosse & crépue ; que sa
dimension soit égale en hauteur & en longueur, &
qu'il soit docile, plein de feu & de gaieté.

Il prescrit, pour tempérer la grande fureur des
étalons, de leur faire tourner une meule, & lorsque
ce travail les a modéré, on les lâche de nouveau.

---

*Les treize livres des choses rustiques de Palladius
Rutilius Taurus Annilianus ; traduicts nouvellement de latin en françois , par M. Jean
d'Arces. Paris, Vascosan , 1554, in-8°.*

C'est dans le livre quatrième, titre treizième,
que *Palladius* donne quelques préceptes sur les étalons, les cavales & les poulains. Ils diffèrent peu de

ceux de *Varron* & de *Columelle*. Il exige qu'on examine dans l'étalon quatre chofes ; la taille ou corpulence, la couleur, la beauté & la bonté. Quant à la taille, qu'il foit puiffant, mufculeux & charnu, le pied fec, ferme & haut de corne ; quant à la beauté, il faut qu'il ait la tête petite & sèche, les oreilles courtes & pointues, les yeux grands, les narrines ouvertes, la crinière & la queue flottantes. Pour la couleur des robes, on choifira de préférence celles qui font claires & fans mélange, rejetant toutes les autres, à moins qu'un mérite diftingué ne couvre les vices du poil.

Les cavales auront, outre ce qu'on vient de prefcrire, le ventre & le corps allongés & grands. On les fera couvrir au mois de mars, & on n'en donnera jamais plus de douze ou quinze à ehaque étalon, quelque jeune & vigoureux qu'il foit. On ne fera point travailler, on n'expofera point au froid ni à la faim les cavales pleines. On les mettra dans des gras pâturages, expofés au foleil pendant l'hiver, & au frais pendant l'été. On évitera les terreins mols & aquatiques. On ne fera faillir, que de deux années l'une, les cavales précieufes, à qui on laiffe nourrir les poulains, afin qu'elles puiffent leur tranfmettre la vigueur qu'un lait pur & abondant doit néceffairement leur procurer. Paffe dix ans, leurs productions feront tardives & de peu de valeur. Il décrit affez bien la chûte & le renouvellement des dents dans le poulain; il veut qu'on les châtre au printems, & qu'on commence à les dompter lorfqu'ils ont deux ans paffés. (Les anciens étoient bien preffés de dompter leurs chevaux. C'eft les énerver, c'eft étrangler leur accroiffement, c'eft fe priver des fervices qu'on auroit lieu d'en attendre. C'eft leur caufer une caducité prématurée, que de les faire travailler dans un âge auffi tendre, où ils n'ont pas encore acquis affez d'intelligence pour comprendre ce qu'on leur demande, ni affez de moyens pour l'exécuter.)

Les Georgiques de Virgile , traduction nouvelle en vers françois , enrichies de notes & de figures ; par M. de Lille, &c., quatrième édition, Paris, 1780, in-8°.

Cet ouvrage, remis à la preffe un très-grand nombre de fois, tant dans fa langue naturelle, que dans prefque toutes celles connues, eft divifé en quatre livres. C'eft dans le troifième que Virgile s'occupe du haras. Il n'a fait que mettre en très-beaux vers les préceptes des Grecs & des Latins qui l'avoient précédé. On en verra fans doute ici avec

plaifir quelques - uns de ceux de la traduction de
M. l'Abbé de Lille ; voici çe qu'il dit des étalons :

Des gris & des bais-bruns on eftime le cœur :
Le blanc, l'alzan clair languiffent fans vigueur ;
L'étalon généreux a le port plein d'audace,
Sur fes jarrets plians fe balance avec grace ;
Aucun bruit ne l'émeut, le premier du troupeau
Il fend l'onde écumante, affronte un pont nouveau.
Il a le ventre court, l'encolure hardie,
Une tête effilée, une croupe arrondie :
On voit fur fon poitrail fes mufcles fe gonfler,
Et fes nerfs treffaillir, & fes veines fe gonfler.

. . . .

. . . .

Quand le chef du troupeau pour fon hymen s'aprête,
D'une prodigue main verfe lui fa boiffon,
Qu'il s'engraiffe du lait de la jeune moiffon,
Autrement il fuccombe ; aux plaifirs inhabile
Et d'un père affoibli nait un enfant débile.
Au contraire, fitôt que les tendres defirs
Sollicitent la mère aux amoureux plaifirs,
Eloigne-là des eaux, retranche fa pâture.

. . . .

Des routes de l'amour, l'ambonpoint inutile,
Aux germes créateurs ouvre un champ moins fertile.
Dès que fon fein groffit tous nos foins lui font dûs,
Et le foc & le char lui feront défendus.

. . . .

Qu'elle

Qu'elle paiffe en des prés où les plus clairs ruiffeaux
Parmi des bords fleuris, roulent à pleins canaux.

(Le repos eft fi utile aux jumens, & fi propice
pour leurs fruits, qu'on ne fauroit trop engager
les fermiers à fuivre le précepte de *Virgile* ;
il recommande enfuite de bien foigner les poulains,
& de marquer au front de chacun, à quel emploi il
fera deftiné.)

Ceux qu'on deftine au foc, il faut dès leur jeune âge
Difcipliner au joug leur docile courage :
Sur fon cou libre encor, fon jeune nourriffon
Porte un collier flottant pour première leçon ;

. . . .

Veux-tu, dans les horreurs d'un choc tumultueux
Régler d'un fier courfier les bonds impétueux ?
Accoutume fon œil au fpectacle des armes,
Et fon oreille au bruit, & fon cœur aux alarmes ;
Qu'il entende déjà le cliquetis du frein,
Le roulement des chars, les accens de l'airain ;
Qu'au feul fon de ta voix fon allégreffe éclate ;
Qu'il trémiffe au doux bruit de la main qui le flatte.

. . . .

Mais compte-t-il trois ans ? bientôt mordant le frein
Il bourne, il caracole, il bondit fous ta main ;
Sur fes jarrets nerveux il retombe en mefure :
Pour la rendre plus libre en gêne fon allure.

. . . .

Ne l'engraiffe fur-tout qu'après l'avoir dompté,
Autrement fon orgueil jamais n'eft furmonté ;
Il fe dreffe en fureur fous le fouet qui le touche,
Et s'indigne du frein qui gourmande fa bouche.

(Le confeil que donne ici *Virgile* de n'engraiffer les chevaux que lorfqu'ils font domptés, eft fage ; parce qu'une fois qu'ils font au grain & à la paille, ils en font plus vigoureux, moins dociles & plus difficiles à dreffer. Il demande encore, & avec jufte raifon, qu'on les féparé des jumens, afin qu'ils ne s'énervent pas avec elles).

L'hiftoire naturelle de Pline, traduite en françois avec des notes, par M. Poinfinet de Sivri. Paris, De Saint, 1771, & années fuivantes, 12. vol. in-4º.

Cet ouvrage eft encore du nombre de ceux dont les différentes éditions & traductions font immenfes, & faites pour occuper toute la fagacité d'un bibliographe très-inftruit ; il en exifte une traduction françoife bien antérieure à celle de M. de *Sivri*, faite par *Antoine Dupinet*, feigneur de Noroy, imprimée plufieurs fois, qui n'eft point fans mérite. Nous en connoiffons une très-belle édition en deux volumes *in-folio*, imprimée à Lyon, chez C. Senneton, en 1562. L. *Meygret* avoit déjà traduit en françois, en 1543, *in*-12, les septième & huitième livres de *Pline*, qui traitent de l'homme & des animaux terrestres. Ces deux livres ont été mis aussi en espagnol, avec des annotations, en 1602, *in*-4°. par G. de *Huerta*; c'est dans le huitième qu'on trouve ce qui concerne le cheval.

La plus grande partie de l'histoire naturelle de *Pline*, n'est qu'une compilation ou un extrait des livres des écrivains, soit de son siècle, soit d'un temps antérieur. On ne doit point être surpris de trouver beaucoup de fables ramassées dans cette histoire. Tout ce qui y est dit de relatif aux chevaux, est en partie copié des auteurs que je viens d'analyser. Je me contenterai de quelques observations sur les morceaux qui sont de *Pline*, ou du moins qui ne se trouvent dans aucuns de ceux qui ont écrit avant lui; car il pourroit se faire que *Pline* les eût empruntés dans les écrivains, dont les ouvrages ne sont point parvenus jusqu'à nous.

Il y a des chevaux qui vivent cinquante ans; les jumens ne vivent pas si long temps; elles prennent leur crue à cinq ans, les chevaux à six. Les jumens portent onze mois, & peuvent retenir à un an. (Je n'ai jamais vu d'exemple d'une fécondité aussi précoce; elle n'existe pas dans nos climats, & je doute

qu'elle puiffe avoir lieu ailleurs, même en Arabie)
Les chevaux peuvent engendrer jufqu'à trente-trois
ans, & ceux d'Opunte jufques à quarante, pourvu
qu'on leur lève le devant. (En copiant un fait particulier rapporté par *Ariftote*, *Pline* n'auroit pas
dû le généralifer, & attribuer à tous les chevaux de
cette contrée, ce qui ne s'eft vu que d'un feul. Trente-
trois ans n'eft point le terme univoque de la fécondité du cheval; elle eft toujours relative au climat,
à l'efpèce, à la conftitution particulière de l'animal,
à l'abus qu'on peut avoir fait de fes forces; la nature
n'a point mis de ligne de démarcation, qui fixe jufte
l'époque où elle doit ceffer). Il n'y a pas d'animal qui fe haraffe & fe laffe plutôt de la femelle que
le cheval, auffi en un an ne faut-il lui donner que
quinze jumens. Les jumens portent tous les ans jufques à quarante ans : (autre erreur). Elles recherchent le mâle le foir; mais elles en font recherchées
le matin; & celles qui font nourries au foin & à
l'avoine deviennent en chaleur foixante jours avant
celles qui vivent dans les herbages. Pour les faire
retenir, on leur fait boire de l'eau dans laquelle on
fait infufer de la graine de chanvre. (De nos jours
encore on fuit ce précepte; mais on donne la
graine mêlée avec l'avoine, foit à l'étalon, foit à la
jument pour les échauffer.)

Pour faire perdre la chaleur aux jumens, il faut

leur couper les crins. (Il eſt inutile d'avoir recours
à des raiſons phyſiques, pour démontrer l'inefficacité de ce moyen, que *Pline* n'auroit dû rapporter
qu'après l'avoir expérimenté.) Pour faire qu'une
jument endure d'être couverte d'un âne, qui eſt un
animal fort vil, il faut lui couper auſſi les crins; car
ſe ſentant ſes crins, elle ſe tiendroit fière, & ne ſouf-
friroit pas les approches du baudet. (Quel taliſman
que ces crins! tantôt en les coupant, on éteint la
chaleur, & par conſéquent les deſirs des cavales;
tantôt on leur en donne aſſez pour ſouffrir les ca-
reſſes d'un animal pour lequel elles ont de la répugnance; car il ne ſuffit pas aux jumens, pour qu'elles
ſe laiſſent ſaillir, de n'avoir aucun dégoût pour le
mâle, il faut encore qu'elles y ſoient excitées par les
deſirs, & la nature ſeule les donne.) Après qu'elles
ont été fécondées, elles courent droit contre le
vent, ſelon qu'elles ont retenu mâle ou femelle; &
elles changent ſubitement de poil : il devient plus
rouge, ou pour le moins plus foncé, n'importe de
quelle couleur il ſoit. (Autre erreur, copiée & re-
copiée faute de l'avoir obſervé.) Une jument avorte
ſi une femme qui a ſes règles la touche; elle avorte
par le ſimple regard de celle qui a ſes règles pour la
première fois depuis qu'elle a perdu ſa virginité.
(Les corpuſcules émanés d'une femme dans cet état,
peuvent être mal ſaines, nuiſibles; mais elles ne le

feront jamais au point de faire avorter les jumens.
Pline eft plus judicieux fur la remarque qu'il fait,
que les mouvemens des oreilles des chevaux dénotent leurs intentions.)

***

*Le propriétaire des chofes ; traduit du latin par
ordre de Charles V, roi de France, par Jean
Corbichon, auguftin, en 1372, & revu par
Pierre Fergel, docteur en théologie ; in-fol.
avec figures, Paris, fans date.*

Cet ouvrage, écrit originairement en latin, par
Barthelemi de Glanville, Anglois, a été imprimé
en cette langue, en 1482, *in-fol.*; & en efpagnol,
en 1529, *in-fol.* : outre l'édition françoife que je
viens de citer, j'en connois encore une de Lyon,
1472, *in-fol.*, & une autre de 1525, *in-4°.* J'ai
auffi fous les yeux des fragmens d'une édition
in-4°. gothique en cette langue.

Le livre dix-huitième de cet ouvrage traite des
animaux, & il y a trois chapitres qui concernent les
chevaux ; le trente-feptième eft intitulé du cheval, le trente-huitième de la jument, & le trente-
neuvième du poulain.

Ce que *Ipzidore*, *Ariftote*, *Pline* ont rapporté
touchant ces animaux, la fable qu'ils ont débité au

ſujet de l'hypomanès, celle de l'amour que les jumens ont pour leurs crins ; & de l'amour qu'elles
portent aux petits de leur eſpèce; l'hiſtoire de ce
cheval, qui fut ſe précipiter pour avoir été trompé
en couvrant ſa mère, & d'autres abſurdités pareilles, ſont tout ce que contiennent ces trois chapitres. L'auteur prétend que l'écume de la bouche
du cheval, mêlée avec du lait d'âneſſe, eſt un
excellent vermifuge.

On trouve encore, dans un traité qui fait partie
du livre des propriétés des choſes, intitulé, *la médecine des chevaux, faict & compoſé par le bon
maiſtre maréchal de Lozenne,* trois chapitres ſur
le choix & les qualités des chevaux, & un quatrième qui contient des préceptes pour dompter
les poulains. Ils doivent avoir des maîtres ſages
qui ne leur laiſſent contracter aucune habitude,
car le proverbe dit : *ce que apprend poulain en
jeuneſſe, tout ce veut-il maintenir en vieilleſſe :*
il devient au ſurplus rebèle quand celui qui le
gouverne eſt rude, felon & mal apris. (Ces préceptes du bon maître maréchal de Lozenne ont
été malheureuſement bien peu mis en pratique ; &
de nos jours, la plupart de ceux qui ſe deſtinent à
dreſſer les chevaux, n'y emploient que force &
rudeſſe, & lorſqu'ils ont bien eſtrapaſſé ces pau-
vres animaux, ils ſe félicitent d'avoir réuſſi à les

dompter, s'imaginant être les premiers écuyers du monde. *Science, patience & douceur*, voilà les qualités nécessaires pour l'éducation des chevaux, & quiconque ne possède pas ces trois qualités, doit renoncer à un état qui n'est point fait pour lui, & cesser d'abuser du titre d'*écuyer*, si difficile à acquérir).

Le bon messager, par Pierre de Crescens. Paris, 1486, in-fol.

Crescentius, citoyen de Bologne, composa, par ordre de Charles, roi de Jérusalem & de Sicile, ce traité en latin, l'an 1383, du moins telle est la date du manuscrit de cet ouvrage, qui est à la bibliothèque du roi, intitulé, *Petri de Crescentiis ruralium commodorum*. Nous connoissons encore les éditions latines de 1474, *in-fol.*; de 1538, *in-4°*; celles en italien de 1478, *in-fol.*; 1519, *in-4°*; 1542, *in-8°*, & 1605, *in-4°*; & enfin, une autre édition françoise de 1536, *in-folio*. Celle d'après laquelle nous faisons l'extrait de cet auteur, est imprimé en caractères gothiques, & divisées en douze livres. Le neuvième a pour objet les animaux domestiques.

Crefcens dit très-judicieufement que quiconque veut acheter & accoupler les chevaux & jumens, doit confidérer l'âge, le lignage, la forme, la fanté & la mauvaifeté. Il exige que l'étalon foit de belle couleur, au moins âgé de cinq ans, pas trop gras, bien & largement nourri quand on veut le faire faillir, & exercé modérément ; douze à quinze jumens lui fuffifent, elles feront âgées de deux ans, & réformées à dix. C'eft en mars & avril, dans les pays chauds, & en maï, dans les pays froids, qu'on les fera faillir, en frottant d'oignon marin la nature de celles qui refuferont le mâle. Lorfqu'elles feront pleines, on aura foin qu'elles ne deviennent ni trop graffes ni trop maigres, qu'elles ne foient mifes en lieu étroit, qu'elles n'éprouvent le froid ; on ne les fera point travailler & on laiffera repofer un an celles qui nourriffent les mâles. (Diftinction ridicule ; la cavale qui nourrit eft également affoiblie, foit qu'elle allaite un mâle ou une femelle). Les poulains doivent être conduits en lieux montueux, fecs & pierreux, & être continuellement exercés pour acquérir de la foupleffe dans les membres & de la dureté dans la corne ; refter deux ans de fuite avec leur mère. (Cette époque eft trop longue, ils fentent alors leur fexe & cherchent à jouir, ce qui les échauffe & les énerve). Au bout duquel tems on les liera avec une corde de laine, comme plus douce que lin ou chanvre, enfuite on les domptera. (*Varron* eft le premier auteur qui recommande le licou de laine, & ce n'eft pas en ce feul article qu'il a été copié par *Crefcens*, car c'eft principalement dans fon ouvrage & dans celui de *Palladius*, que notre auteur a puifé pour compofer l'article dont je viens de donner une courte notice, il y a feulement ajouté quelques préjugés reçus de fon temps, tels que de faigner une fois, dans chaque faifon de l'année, le cheval de la veine du cou, fi on veut le garder en fanté, &c.).

La Marefchallerie de Laurens Rufé, tranflatée de latin en françois, en laquelle outre plufieurs falutaires remèdes de diverfes maladies, onſt été imprimées maintes figures de mors par lefquels on peut fecourir, ayder & guérir tout vice de bouche que pourroit avoir ung cheval; imprimée à Paris par Chrétien Wechel, l'an 1533, in-fol. gothique.

Cet ouvrage, dont l'édition que nous annonçons eft fort belle & fort rare aujourd'hui, ainfi que l'original latin, imprimé l'an d'auparavant chez le même, fut réimprimée en françois en 1560, 1563, 1583,

1610, &c. *in-4°.*; en italien, en 1543, 1548, &c. *in-8°.*; en espagnol, en , . . .

Le titre semble ne rien promettre qui ait rapport à l'éducation & à la multiplication des chevaux ; cependant les vingt premiers chapitres sont tout entiers relatifs à cet objet. Il est vrai que *Laurent Rusé*, maréchal de profession, se méfiant de ses connoissances sur cet objet, a pris le sage parti de s'en rapporter à celles de *Pierre de Crescens* ; il l'a copié mot à mot sans en changer l'ordre & le style, il s'est seulement contenté d'y ajouter qu'il faut éviter que les jumens pâturent dans des lieux où il y a abondance de hêtre, parce que le gland de hêtre les fait avorter. (*Rusé* ne cite aucun garant de l'assertion qu'il avance, mais il est certain que ce fruit, mangé avec excès, a occasionné dans l'homme une foule de maladies, des vertiges, des pleurésies, des dévoiemens, & enfin l'hydrophobie. Voyez la thèse soutenue par M. *Siélig* le fils à Erlangen, le 8 janvier 1762, intitulée, *de Hydrophobiâ, ex esu fructuum fagi.* Ses effets dans les animaux méritent toute l'attention des observateurs).

AUTEURS ITALIENS, FRANÇOIS, &c.

Secrets de la vraie agriculture & honeſtes plaiſirs u'on reçoit en la meſnagerie des champs, praiqués & expérimentés tant par les autheurs qu'autres experts en ladite ſcience, diviſës en vingt journées d'agriculture, par dialogues ; traduits en françois de l'italien de Meſſer Auguſtin Gallo, gentilhome Breſcian, par François de Belleforeſt, Comingeois. Paris, 1571 in-4°.

IL ne nous eſt pas poſſible de fixer ici l'époque de l'impreſſion de cet ouvrage, qui, quoique réimprimé un grand nombre de fois, tant en italien qu'en françois, eſt aſſez rare aujourd'hui : nous ne connoiſſons, avec l'édition que nous venons de citer, que celle de 1572, auſſi en françois, *in-4°*, & une italienne, faite à Veniſe en 1584, *in-4°*; il a été oublié par MM. *Vitet & Amoreux*, avec un grand nombre d'autres, dans leur bibliographie vétérinaire.

Ce ſont des habitans de la campagne que *Gallo* introduit pour interlocuteurs dans ſon ouvrage. Ils ſe donnent, pendant vingt jours de ſuite, rendez-vous pour discourir sur tout ce qui peut être relatif à l'utilité, au profit & à l'agrément de la vie champêtre. C'est en Italie, dans un bourg de la Bresse, patrie de l'auteur, que les rendez-vous ont lieu, & c'est dans la treizième journée qu'est traité *des chevaux & jumens qui font de bonne race.*

Les jumens choisies pour propager seront de belle grandeur, auront le flanc & la croupe larges, le regard aimable, feront plutôt maigres que graffes; pas plus jeune de trois ans, ni plus vieilles de dix ou douze. Il faut les faire couvrir depuis l'équinoxe de mars jusques au solstice d'été, deux fois le jour, le soir & le matin, avant de les faire boire, & si le lendemain qu'elles auront été faillies elles refusent le mâle, on ne leur représentera qu'au bout de dix jours, les déclarant pleines si elles persistent à ne pas le vouloir. Les poulains teterons un an, mais on ne doit les séparer de leur mère qu'à deux, mettant alors les mâles à part, fans quoi ils monteroient & failliroient les femelles. Celles-ci ne porteront que tous les deux ans, elles en auront meilleur lait & santé plus ferme; les étalons en feront aussi plus vigoureux, & engendreront des poulains plus grands, plus hardis, plus robustes. (Cette observation est juste, & il feroit à desirer qu'on pût toujours la mettre en pratique). Les cavales ne font, felon *Gallo*, ni fi gaillardes ni fi courageufes que les chevaux, cependant il obferve qu'elles font plus légères à la courfe & qu'elles y réfiftent plus long-temps. Il demande qu'on les tienne, en été, dans des lieux frais & ombragés, pourvus de bonne herbe & d'eau claire ; en hiver, en lieux point trop froids, point battus de vent, point marécageux ou privés d'eau faine. Il n'eft point d'avis de laiffer les jumens pleines fur les montagnes, parce qu'elles courent trop de rifques en les montant ou defcendant ; il préfère les côteaux & les monts point trop rudes ou raboteux, qui abondent en herbe fraîche, en lacs ou fontaines.

Il veut que l'étalon foit âgé plutôt de fept ans que de moins, & qu'il n'en ait pas plus de douze ; qu'il foit grand & de bonne difpofition ; qu'il ait la corne grande, ronde, creufe, bien ouverte ; le talon haut ; la jambe sèche, nerveufe, ni trop groffe, ni trop menue ; la poitrine large & charnue ; les épaules larges & mufculeufes ; les flancs ronds ; les cuiffes grandes, rondes & graffes ; la tête petite & sèche ; l'oreille étroite ; les yeux grands, noirs, & à fleur de tête ; les nazeaux ouverts ; la mâchoire étroite ; la bouche fendue également des deux côtés ; le col un peu long & cintré ; maigre près de la tête ; les crins longs, épais, pendans du côté droit ; la queue longue, bien fournie &

crépue ; les testicules petits & égaux. Choisir de préférence ceux qui ont été à la guerre, quand même ils y auroient été blessés, ou auroient perdu un œil, parce qu'ils engendreront des poulains généreux, hardis, pleins d'haleine. Rejeter pour étalon tout cheval vieux, lunatique, rétif, peureux, vicieux, de mauvais apétit, ou qui se vuide trop, &c. Un étalon peut fournir vingt jumens : il doit être tenu à l'écurie, monté tous les jours avant d'aller à l'abreuvoir ; rester en repos pendant la monte, & être nourri amplement.

Galla donne comme un excellent moyen, pour animer ceux qui sont lents à saillir, de leur frotter les nazeaux & les fesses d'une éponge imbibée de la liqueur qui coule de la nature de la jument en chaleur. Il regarde ce remède comme ayant plus d'efficacité qu'aucun qui ait été publié. (Ce moyen peut être efficace pour le nez, mais inutile aux fesses.)

Pendant l'hiver, on gardera les cavales à l'écurie, & dès qu'elles auront pouliné, on leur donnera pendant trois jours, matin & soir, à boire de l'eau tiède, mêlée avec du sel & de la farine, étant d'ailleurs bien nourries, & ayant bonne litière. Quant aux poulains, on les caresse ; on les flatte de la main & de la voix ; on leur donne un peu de sel de temps à autre ; on leur fait monter dessus un enfant ; on lève les pieds, frappant légèrement deſſus, & faiſant d'ailleurs tout ce qui eſt convenable pour les apprivoiſer & accoutumer à l'homme. On leur donne chaque matin de l'orge ou d'autre grain. Il recommande, avec raiſon, de leur donner alors le feu aux jambes, & de les mener enſuite à la prairie, pendant la roſée, pour conſolider les cicatrices, & faire qu'elles paroiſſent moins. Il exige auſſi qu'on leur fende les nazeaux à la façon des Valaches : il blâme avec juſtice la caſtration ; mais c'eſt à tort qu'il enſeigne qu'on tenaille ou qu'on torde les teſticules. Il indique enſuite quelques remèdes pour différentes maladies. (*Gallo* fait connoître par-tout ce qu'on vient de voir qu'il avoit lu les auteurs qui l'avoient précédé, & qu'il avoit mis à profit ſes lectures).

L'agriculture & maiſon ruſtique de MM. Charles-Eſtienne & Jean Liebault, docteurs en médecine, en laquelle eſt contenu tout ce qui peut eſtre requis pour baſtir maiſon champeſtre, nourrir & médeciner beſtail & volaille, &c. Paris, J. Dupuis, 1574, in-4°.

Cet ouvrage fut d'abord compoſé & imprimé en latin par *Charles Eſtienne*, célèbre médecin & imprimeur,

primeur, à Paris, fous le titre de *Prœdium Rufti-
cum,* &c. 1554, *in*-8º. Il n'y infèra pas ce qui concerne
les animaux domeftiques, on ne le trouve que dans
les traductions françoifes, & dans les éditions poftérieures, qui fe multiplièrent beaucoup, & dont le
plus grand nombre fut donné par J. *Liebault*, gen-
dre de *Charles Eftienne.* Elles diffèrent plus ou
moins les unes des autres, à raifon des augmen-
tations qu'il y fit, & les chapitres ne correfpon-
dent point entr'eux dans ces diverfes éditions. C'eft
dans le chapitre 28, de l'édition que j'ai citée, intitulé *le Chartier,* que l'on trouve ce qui concerne
le haras.

Le chartier mettra pâturer fes jumens lorfque
le temps y fera propre, en lieu fpacieux & maréca-
geux ; mais comme le marécage leur attendrit la
corne & la vue, & leur engendre des eaux aux
pieds, on préférera les montagnes arrofées, & non
jamais sèches, plutôt fans, qu'avec des bois, &
ne fera faillir les jumens que de deux en deux ans, &
toujours à la mi-mars ; leur donnera l'étalon deux
fois le jour, foir & matin, avant de les faire boire,
& ne les lui repréfentera que dix jours après. L'é-
talon peut faillir depuis trois ans jufques à vingt,
& la jument depuis deux jufques à dix, après quoi
elle ne vaut plus rien. L'étalon peut fournir à vingt
cavales. Pour exciter fes defirs, on frottera la na-

O

ture de la jument avec une éponge, & enfuite on en frottera les nazeaux de l'étalon ; & pour inciter la jument, on lui frottera fa nature d'un oignon marin broyé ; & pour avoir cheval de telle couleur qu'on defire, on la couvrira d'une couverture de la couleur qu'on fouhaite, lorfque l'étalon la faillira. (Quelle puérile crédulité !) La jument fera bien faite de corps ; grande à l'avenant ; ayant beau & aimable regard ; les flancs & la croupe larges ; bien nourrie ; quelque peu maigre, & n'aura travaillée de long temps. Si elle travaille à poulainer, ou qu'elle avôrte, faudra lui faire avaler du *polipodium* broyé, mélé dans l'eau tiède ; & dès qu'elle fera accouchée, on la fecourera avec breuvage d'eau tiède, y mélant du fel & de la farine, foir & matin pendant trois jours. On laiffera le poulain avec fa mère jufques à dix-huit mois ; après quoi on le mettra à l'écurie ; on le careffera & on lui parlera fouvent de temps à autre ; on lui mettra un enfant deffus ; & fi on le deftine aux voyages, on lui donnera aux jambes quelques boutons de feu au printems ou en automne, la lune étant en décours.

On lui fendra les nazeaux, fi on le deftine à la courfe. Un bon & beau cheval doit avoir les yeux & les jointures du bœuf, la force & les pieds du mulet, les ongles & les cuiffes de l'âne, gorge & col de loup, oreilles & queue de renard, poitrine

& crins de la femme, hardieſſe du lion, vue &
contournemens agiles du ſerpent, pas de chat, légèreté & agileté d'un lièvre, le pas haut, le trot à
délivre, le galop gaillard, la courſe légère, le ſaut
bondiſſant ſoudain, léger à la main.

A la ſuite de cet article, on trouve une infinité
de remèdes tirés de *Végece*, dont *C. Eſtienne* a
donné une traduction. Il y rapporte auſſi, d'après
Columelle, que les jumens deviennent amoureuſes
en voyant leur image dans l'eau : mais *Végece &
Columelle* n'ont pas ſeuls été copiés par *Charles Eſtienne & Jean Liebault*; *Varron*, *Palladius*,
Pline, ont auſſi été mis à contribution par nos
docteurs françois ; mais ſur-tout *Gallo* : je puis
même ajouter, qu'ils ſe ſont ſouvent contentés de
copier aſſez littéralement, *les vingt journées
d'agriculture.*

*Le Théâtre d'agriculture & meſnage des champs,
d'Olivier de Serres, ſeigneur du Pradel ; Paris,
1600, in-fol.*

Quoique cet ouvrage ait été réimprimé pluſieurs
fois, les édicions en ſont aſſez rares aujourd'hui ; il
eſt généralement eſtimé des agriculteurs. M. l'abbé
Roſier en prépare une nouvelle édition avec des notes, qui ne peut qu'être bien accueillie.

De Serres a divifé fon *Théâtre d'Agriculture* en huit lieux; & c'eſt dans le lieu quatrième, qui traite du gros & menu bétail, qu'on trouve, chapitre X, ce qui concerne les chevaux & jumens.

Après s'être élevé contre la nonchalance de ſes compatriotes, qui vont chercher dans des terres lointaines, des chevaux qu'on pourroit élever en France, & dont on tireroit un auſſi grand parti; *Olivier de Serres* recommande, à ceux qui defire-ront avoir des haras, de s'attacher aux bonnes races, tant dans l'étalon que dans les jumens; car, dit-il très-judicieuſement, & contre l'opinion de fon fiècle, il eſt néceſſaire que la cavalle ſoit bien choiſie pour recevoir & animer, dans ſon ventre, la ſemence du mâle, ce qu'elle ne pourroit com-modément faire étant de maligne nature. Il demande que l'étalon ſoit bien ramaſſé dans ſes membres, & ſur-tout bien proportionné; qu'il ſoit gai, agile, vigoureux, noir; qu'on commence à le faire ſaillir dès l'âge de quatre ans, & qu'on le ré-forme à dix; vingt ou vingt-cinq jumens lui ſuffi-ſent. Il ſera nourri à l'écurie, & exercé modéré-ment. Les jumens, au contraire, reſteront dans les pâturages pendant toute la belle ſaiſon; on ne les fera point travailler, ſur-tout les premiers mois de la conception, & les ſix dernières ſemaines de leur groſſeſſe. Ce ſera le matin qu'on préſentera la jument à l'étalon. On la lui repréfentera auffi le foir, en continuant le lendemain , & enfuite jufques à ce qu'elle le refufe , & encore au bout de dix ou douze jours, pour reconnoître fi elle a conçu. Le poulain tetera feize ou dix-huit mois, pour les chevaux de grande taille, & un an pour ceux de la moyenne. Ainfi les jumens ne porteront que de deux années l'une; ce fera à la feconde année qu'on éloignera le poulain de la mère. On lui mettra le feu aux jambes , & on lui fendra les nazeaux.

(Par l'extrait qu'on vient de lire, on a pu reconnoître qu'*Olivier de Serres* a compilé avantageufement, *Varron, Palladius, Pierre de Crefcens*, &c. Les remèdes qu'il indique fpour les maladies des chevaux, font pris de *Ruini*).

Hippiatrique du fieur Horace de Francini, efcuyer ordinaire du Roy, & capitaine des garennes de Bourgongne, &c. Paris, chez Marc Orri, 1607. --- 2me édition, 1646, in-4°.

Quoiqu'en dife l'auteur, dans l'épître dédicatoire à M. de Bellegarde, grand écuyer de France, cet ouvrage n'eft que la traduction littérale de la feconde partie de celui de *Ruini*, intitulé, *Infermita del cavallo & fuoi rimedii*, &c.

C'eſt dans le cinquième livre qu'on trouve ſept chapitres, qui ont pour titres, de la ſtérilité.... des ſignes des jumens pleines.... du gouvernement des jumens pleines.... de la difficulté du part.... des ſecondines.... de l'avortement des jumens.... de faire déſempleiner les jumens pleines.

Trop de graiſſe & d'embonpoint, des eaux crues & froides, la matrice mal qualifiée ou intempérée, l'âge avant trois ans, ou après quinze, telles ſont les cauſes que *Francini* donne de la ſtérilité des cavales. L'étalon ſera ſtérile & infécond, s'il eſt trop jeune ou trop vieux. Les chevaux ſont bons à procréer depuis cinq ans juſques à quinze ; hors de cet âge, ils n'engendreront que des poulains petits, pareſſeux, débiles, & principalement infirmes des pieds. Pour avoir des poulains parfaits, il faut que l'étalon ſoit beau, robuſte, & de moyen âge. Au printemps, on fera ſaillir les jumens qui ſeront en chaleur, & ſi elles refuſent l'étalon, on leur frottera la nature avec des feuilles d'orties fraîches, ou bien avec du ſuc d'oignon *canin*, ou encore avec ſel de nître, fiente de poulet, & thérébentine mélés enſemble. (Il y a beaucoup de fautes dans l'ouvrage de *Francini*, ſur-tout dans les noms propres des drogues, dont un grand nombre ont même été laiſſés en blanc, il a ſans doute voulu parler ici de l'oignon *marin*, ou *ſcille*, que nous avons déjà vu recommander par plufieurs auteurs). Pour exciter l'étalon, on lui frottera les narines avec une éponge mife à la nature des jumens ; on lui mettra dans la bouche quelques feuilles d'orties vertes, ou bien on lui oindra l'anus, la verge, les tefticules, & l'efpace qui eft entr'eux, d'huile, de moutarde & d'huile de noix d'Inde ; & on lui fera avaler, le matin dans du vin, des tefticules de cheval, ou de renard, ou de vérat, ou bien de la femence de mercuriale, ou de racine de fatyrion. (Toutes ces recettes font pernicieufes & infuffifantes ; elles peuvent bien, pour un moment, donner à l'étalon les apparences de la vigueur, en mettant fes fens dans une efferveſcence factice ; mais elles ne lui procureront jamais les moyens de féconder les cavales ; les tefticules n'ont plus les vertus qu'on vouloit bien leur croire dans ce temps).

Lorfque l'étalon, qui vient de faillir, tire hors de la nature le membre effuyé, & que la cavale ne jete rien dehors, c'eft figne qu'elle eft pleine ; & elle le fera d'un mâle, fi l'étalon defcend du côté droit. (Voilà un moyen de juger habilement du fexe du poulain.) Les jumens pleines feront féparées de tous chevaux mâles & ânes ; on ne les fera nullement travailler ; on les garantira du froid, des eaux crües & trop froides ; on les nourrira de bon foin lorfqu'on les tiendra dans l'écurie ; &

quand on les mettra dans les pâturages, on préférera les collines & les prairies fraîches & om-
bragées, pour l'été, & les forêts à l'abri des vents
froids, pour l'hiver; mais les uns & les autres,
d'un terrein, ni trop âpre & pierreux, ni trop
mol & tendre, pour que leur corne ne se ra-
molliffe point trop. *Francini* indique plusieurs remèdes, parmi lesquels il y en a d'assez bons, pour
aider la jument qui auroit de la peine à pouliner.
Celui qu'il donne pour faire défempleiner les jumens,
consiste dans un breuvage fait avec du vin & de la
ciguë en poudre, ou de la racine de centaurée mi-
neure, ou de la fougère femelle, donné pendant
trois matins de suite, faisant après bien courir la
jument. (*Francini* est le premier auteur françois
qui donne des recettes pour faire vuider les jumens;
& les écrivains qui sont venus ensuite, les ont indiquées d'après lui. Tout en convenant qu'il est dé-
sagréable de voir une jument d'élite & de prix, être
pleine contre le gré de celui à qui elle appartient, &
l'être quelquefois d'un méchant & vil animal; je
ne regarde pas moins la méthode de les faire avorter comme pernicieuse & indigne d'être employée
par toute personne qui chérit sa jument, & ne
veut pas courir le risque de l'estropier, ou même
de la faire périr).

*Philipica ou Haras de chevaux de Jean Tacquet,
escuyer, seigneur de Lechene, de Helst, &c.
A Anvers, chez R. Bruneau, 1624, in-4°, fig.
de 284 pages, tout compris.*

L'ouvrage de *Tacquet*, assez rare aujourd'hui, est le premier traité, *ex professo*, sur les haras, qui ait été imprimé en françois. Il contient d'excellentes indications, qui font connoître que ce seigneur flamand étoit bon écuyer & judicieux observateur. Son livre est un présent fait au public de son temps, & dans lequel celui du nôtre pourra puiser de bons préceptes. Peu d'auteurs l'ont cité, quelques-uns l'ont amèrement critiqué; beaucoup l'ont pris pour texte & pour modèle. Il est divisé en vingt-trois chapitres. Les quinze premiers sont employés à dénommer ceux qui ont commencé les premiers à dompter & à assujettir les chevaux; de la constitution & naturel; de l'intérêt & jugement de ces animaux; de leur mémoire; de leur amour pour leurs maîtres; des sommes excessives que certains ont été achetés; de l'utilité que leur service procure; de la différence de leur naturel, qui varie suivant les climats; des chevaux sauvages; des grands frais supportés par les anciens à dresser des haras & des chevaux; de leur poil, couleur & marques. Chapitres qui rapportent ce qu'*Ariſtote*, *Columelle*, *Palladius*, *Pline*, &c. ont écrit ſur les chevaux, & dans leſquels *Tacquet* cherche à faire naître l'hippomanie parmi ſes concitoyens, en leur décrivant toutes les qualités morales & phyſiques, qui doivent faire chérir & ſoigner ce noble & précieux animal. Les huit chapitres ſuivans ſont deſtinés à l'établiſſement & gouvernement des haras. Après avoir regardé un ſite montueux & un climat tempéré comme les plus avantageux pour l'éducation des chevaux, il déſigne la forme que doivent avoir les écuries des jumens, celles des poulains & celles des chevaux d'âge; il montre avec diſcernement le choix d'un étalon & des jumens poulinières; la façon de les gouverner; le temps de la monte; préférant, avec raiſon, celle qui ſe fait à la main, & la ſaiſon du printemps; la manière de panſer les chevaux, & de les maintenir ſains & diſpos; il indique leurs défectuoſités, & les obſervations à faire dans leur achat; il termine par réfuter victorieuſement l'erreur de ceux qui croient que le poulain naît avec la rate ſur la langue, & qu'il l'avale auſſi-tôt; & celle à laquelle l'hippomanès à donné lieu.

(*Tacquet* croyoit, avec beaucoup d'autres, que les aſtres influoient ſur la nature des chevaux, & que leur conſtitution participoit des quatre élémens. Il conseille, en conséquence, de les saigner deux fois l'an ; il prescrit aussi le remède de *Ruini*, rapporté par *Francini*, pour faire désempleiner les jumens ; & indique, pour fortifier les jambes des chevaux, celui que j'ai rapporté pag. 165).

---

1 6 3 9

Mémoires pour l'establissement des haraz en France, afin d'empêscher le transport d'or & d'argent qu'on sort du royaume pour les chevaux venans en France d'Allemagne, Dannemarck, Espagne, Barbarie & autres pays éstrangers, lequel argent excède plus de cinq millions par chacun an.

Tel est le titre d'un volume, petit *in*-12 de 19 pages, sans nom d'auteur, de lieu d'impression ni d'imprimeur, dont je ne connois encore qu'un seul exemplaire ; il est divisé en 25 §, dans lesquels on propose d'établir des haras dans les forêts du Roi, des engagistes & des abbayes ; de les garnir de jumens, chevaux & grands ânes, venus de Turquie, Barbarie, Espagne, Suisse ; & ensuite de défendre, sous peine de confiscation & 3000 l. d'amende, l'entrée des jumens, chevaux, mulets, ânes étrangers ; remettre l'adminiſtration des haras entre les mains d'une perſonne de qualité, créée à cet effet, grand maître & ſurintendant général, conſervateur & réformateur des haras de France; lequel officier ſera à l'inſtar de celui de colonel général de l'infanterie, ou de grand maître de l'artillerie, &c.; en outre, il y aura un intendant des haras, chargé de l'achat des chevaux, & approviſionnement; un intendant en chaque gouvernement; un premier écuyer des haras de France, un premier écuyer, un écuyer ordinaire, & un cavalcadour en chaque gouvernement & en chaque bailliage, pour monter & dreſſer les chevaux de leurs départemens; un contrôleur, un viſiteur, un tréſorier, un garde également par gouvernement & par chaque ſiége royal; des maréchaux, ſelliers, bouſſetiers, drapiers, tailleurs, & autres officiers & valets requis; tous créés commenſaux de la maiſon du roi, & tous à la nomination & diſpoſition du grand maître. Permis à tous particuliers d'avoir des haras, à la charge de remettre chaque année, au contrôleur du bailliage de ſon canton, la liſte du nombre des chevaux & jumens qu'ils nourriſſent, ſous peine de confiſcation & de 2000 l. d'amende envers le roi.

A la ſuite de ces 25 §, on trouve le dénombrement des principaux bois & foréts du roi, & le nom de ceux qui en ont la charge.

(On voit que dans un très-petit espace, l'auteur a offert un projet très-étendu, auquel on ne devoit point s'attendre dans un temps où nos haras n'existoient pas encore. Quel qu'il soit, il mérite certainement notre reconnoissance & nos éloges ; c'est peut-être son ouvrage qu'on ne trouve cité par personne, qui a donné à *Colbert*, vingt-cinq ans après, l'idée de former des haras en France).

La cavalerie françoise & italienne. Deuxième tableau représentant les haras ou races de chevaux au plus parfait estat qu'il se puissent mettre, avec le traité des portraits & cavessons qui se donnent aux chevaux ; en faveur de la noblesse curieuse de retirer, nourrir & eslever de beaux & bons poulains de ses cavales ; par Pierre De la Noue, gentilhomme françois. Lyon, 1643, petit in-fol. fig.

Ce tableau, qui forme le deuxième volume de la *Cavalerie françoise & italienne de De la Noue*, est divisé en deux parties ; la première, qui a 83 pages, renferme de bons préceptes & de bonnes observations sur les haras, la plupart extraites des ouvrages de ses prédécesseurs. On voit cependant avec

peine, l'auteur ajouter une foi trop crédule à l'in
fluence des aftres, & à l'imagination des cavales,
pour leur faire produire des poulains du poil dont
on defire les avoir, en leur mettant devant les yeux
la repréfentation des chevaux du même poil ; &
qu'il croie avec fimplicité, qu'il eft en notre pouvoir de faire procréer un male ou une femelle, en
liant à l'étalon le tefticule droit ou le gauche. Erreur
publiée par *Columelle*, qui la tenoit de *Démocrite*,
& qui a été copiée par prefque tous les auteurs qui
ont écrit fur les haras.

La deuxième partie traite de l'embouchure des
chevaux. Elle eft étraugère à notre objet.

---

*Méthode & invention novvelle de dreffer les chevaux,
par le très-noble, havt & très-pviffant prince
Gvillavme, marqvis & comte de Newcaftle,
vicomte de Mansfield, &c. &c. &c. œuure auquel on apprend a trauailler les cheuaux felon
la nature, & parfaire la nature par la fubti-
lité de l'art; traduit de l'anglois de l'auteur,
par fon commandement enrichy de plufieures
belles figures en taille douce. A Anvers, chez
J. Van Meurs, l'an 1658, in-fol.*

Cet ouvrage eft un monument confacré par la
munificence d'un riche feigneur, à la gloire de l'é-

quitation & de l'hippiatrique, dont elle fait partie. Cette édition, qui eſt la première françoiſe, eſt rare & recherchée, parce que l'auteur n'en fit tirer qu'un petit nombre d'exemplaires, dont il fit préſent à quelques ſeigneurs, amateurs de cette belle ſcience.

Il reparut en françois en 1671, *à Londres*, in-fol. ſans figures. ---- *Id. 1674, petit in-8º.* Cette édition contient quelques chapitres qu'on ne trouve pas dans les autres. ---- *Paris, 1677, in-4º.* fig. *traduit par de Soleyſel.* ---- *Bruxelles, 1694, in-8º.* ſans fig. ---- *Nuremberg, 1700,* in-fol. fig. ſur deux colonnes, allemande & françoiſe; c'eſt la verſion de *Soleyſel*, traduite par le Baron de *Pernay.* ---- *Londres, 1737, in-fol.* fig. ---- *Paris, 1737, deux vol.* in-fol. fig. Cette dernière édition, que nous n'avons point vue, eſt citée par M. *Amoreux*, dans ſa *bibliographie vétérinaire*, page 28.

Il y en a auſſi pluſieurs éditions en anglois, en allemand, & peut-être en d'autres langues.

C'eſt dans le livre premier de la première partie de cet ouvrage, chapitres V, VI, VII & VIII des éditions de 1658 & 1737; à la page 98 & ſuivantes, de celle de 1671, qui n'a point de diviſion particulière; dans les chapitres XIV, XV, XVI, de celles de 1674

& 1694 ; dans le chapitre X , §. 16, 17, 18, de celles de 1677 & 1700 , que l'auteur traite des haras.

Après avoir indiqué le choix qu'on doit faire d'un étalon & des jumens poulinières, donnant la préférence au cheval barbe ou d'Espagne, beau, bien fait, plein de courage, & aux jumens espagnoles, napolitaines ou anglaises, de belle structure, le *duc de Newcastle* conseille de mettre l'étalon en liberté, avec les cavales dans un lieu clos & fermé, où il y ait à manger pour six semaines au moins. « On peut, dit-il, mettre toutes les cavales
» avec lui, tant celles qui ont poulainé, que celles
» qui sont pleines, comme aussi les brehaignes, sans
» danger. Cette voie est si naturelle, qu'elles se-
» ront toutes couvertes a mesure qu'elles entreront
» en chaleur ; car le cheval ne les couvrira
» jamais qu'elles ne le recherchent. Après les avoir
» toutes couvertes, il fait une revue générale, il
» cherche s'il y en a encore qui sont en amour,
» il les couvre si elles veulent le souffrir, & il
» laisse les autres ; lorsqu'il voit son ouvrage fini,
» & qu'il n'a plus rien à faire, il commence à battre
» la retraite en battant à la palissade, pour s'en
» aller ; alors il le faut prendre & ôter : vous le
» trouverez assurément fort maigre & décharné,
» n'ayant que la peau & les os, & muant de crin &
» queue ».

» de queue ». (Comment cela pourroit-il être autrement? Abandonné à ses desirs, fortement excité
par les cavales, recherché, tant par celles qu'il aura
fécondées, que par les pleines & les vuides, il ne
peut que s'énerver & s'exténuer. Comment M. le
duc, qui avoit un magnifique haras, qui mettoit
une étude & un soin particulier à tout ce qui y
étoit relatif, ne s'est-il pas apperçu que les jumens déjà couvertes & fécondées, qu'on laisse avec
des étalons, peuvent rentrer en chaleur, se vuider,
& se faire saillir de nouveau? Comment lui est-il
échappé de voir que des jumens déjà pleines, &
même fort avancées dans leur grossesse, recherchent
le mâle, qu'elles souffrent ses caresses, & que celui-ci
les lui prodigue sans qu'il en résulte de superféta-
tion? (1) Comment n'a-t-il pas observé, qu'excitées par l'odorat, la vue & les desirs de l'étalon
les jumens entroient en chaleur presque toutes à
la même époque; étoient continuellement occupées

---

(1) *Aristote* & *Pline* avoient fait cette observation,
& M. *de Newcastle*, qui les avoit sans doute lu , auroit
dû se rappeler que le premier a écrit que la jument pleine
souffre encore les approches du mâle ; & que le second
dit que toute bête a quatre pieds, hors la jument & la
truie, rejettent le mâle se sentant pleines. *Voyez ci-après*
la notice de l'ouvrage de Saunier.

P

à l'inciter à l'acte de génération ; & qu'à peine avoit-il fini avec une, que les defirs d'une autre venoient l'affaillir, le tourmenter, réveiller les fiens, forcer la nature; & qu'au lieu de fauter une ou deux cavales par jour, il en montoit quatre ou cinq, fuivant fes forces & fon tempérament; qu'en conféquence il faifoit une diffipation énorme d'efprit, & fe réduifoit dans peu aux abois, & à un point dont il ne fe relevoit jamais dans la fuite, & que, s'il venoit folliciter fa retraite en battant à la paliffade, c'étoit la retraite de la nature épuifée & défaillante, & non la fin des defirs des jumens.)

Après avoir reconnu le befoin du croifement des races dans l'étalon, & ordonné de ne point fe fervir de ceux qu'on élève, parce qu'étant trop éloignés de la pureté du chef de la fouche, ils ne tardoient pas à dégénérer, il veut, par une contrariété, & une oppofition inconcevable, qu'on fe ferve de préférence des cavales qu'on a élevées, les laiffant couvrir à leur père. « Car il ne fe fait point d'inceftes parmi » les chevaux, & par cette manière, elles font plus » proches du degré de pureté, vu qu'elles fortent » d'un beau cheval, & que ce même cheval les cou- » vre encore ». (C'eft précifément là ce qu'il faut éviter! car il eft démontré que, pour éloigner la dépravation des races, il faut rejeter les parentés. Et qu'un cheval couvrant fa production, fût-elle la meilleure poffible, il n'en réfultera jamais un poulain auffi beau, que fi les fouches euffent été étrangères l'une à l'autre; & fi l'on continuoit cette race, elle feroit totalement défectueufe avant la troifième génération, & n'auroit plus que les vices du tronc dont elle feroit fortie, fans en poffèder une feule qualité, enfin qu'elle deviendroit en tout femblable à l'efpèce la plus vile du pays.) « Si quelqu'un contrevient à cette vérité, s'il n'eft obftiné » dans fes erreurs, qu'il me life, il trouvera dans » mon livre des raifons qui le pourront convaincre, » s'il a de la confidération pour ma longue expérience & pour la peine que je veux bien prendre » pour l'inftruire ». (Senfibles comme on le doit, pour la peine qu'un auteur tel que le duc de *Newcaftle* a bien voulu fe donner pour l'inftruction du public, fachons-lui gré des bons principes qu'on trouve répandus dans fon ouvrage; & loin d'avoir, pour une expérience, qui n'eft que longue & nullement fidèle, la confidération qu'il commande, nous croyons qu'en faifant connoître les erreurs & les préjugés qu'il débite d'un ton dogmatique & impofant, nous aurons travaillé pour l'utilité de ceux qui voudront en faire ufage).

Le parfait Mareschal , qui enseigne à connoître la beauté , la bonté , & les défauts des chevaux , &c.; ensemble un traité du haras , pour élever de beaux Poulains , &c. par le sieur de Solleysel, escuyer ordinaire de la grande escurie du Roy. A Paris, chez Gervais Clousier, 1664, in-4°. fig.

Il y a eu une multitude d'éditions de cet ouvrage, celle dont nous venons de transcrire le titre est la première; la dernière est de 1775. Peu d'ouvrages ont eu un succès aussi brillant , aussi constant & aussi peu mérité : rempli d'erreurs, d'absurdités, & sur - tout d'inutilités , *le parfait maréchal* n'est qu'une compilation d'ouvrages antérieurs. Il n'est pas un reméde, pas une maxime de *Solleysel* que je n'aie trouvé dans les auteurs qui l'ont devancé; & je pourrois, au besoin, indiquer chaque source qui lui a fourni. Quant à ce qui regarde les haras, il n'a jamais été à portée de voir & d'observer par lui-même. Il convient d'ailleurs, qu'il ne sait que ce que la curiosité de s'informer lui a enseigné; reconnoît le duc de *Newcastle* pour l'homme le plus instruit, & donne , par cette raison , au public ce que ce seigneur a écrit à ce sujet, avec quelques observations qu'il a cru devoir y ajouter.

Le duc de *Newcastle* regarde comme absurdes les conjectures qu'on peut tirer sur la couleur du poil de l'étalon ; *Solleysel*, au contraire, prétend que cette indication n'est point fautive, & donne la préférence au bai, alzan, rouan, cap de more, isabelle, concluant que c'est par une envie particulière de paroître plus singulier & plus entendu que les autres, que le duc déclame si fort contre les conjectures des poils & des marques.

« La cavale étant bien en chaleur, & couverte au
» matin toute la première, le quatrième jour de la
» lune, jusques au plein d'icelle, & jamais au dé-
» clin, elle ne manquera pas, dit *Solleysel*, de con-
» cevoir un mâle, l'expérience le faisant connoî-
» tre ». (L'expérience fera plutôt connoître la sotise d'y croire).

Solleysel veut qu'on ne sevre les poulains qu'à un an ou onze mois, sous prétexte qu'ils seront plus précoces, & que dès l'âge de quatre ans, ils seront d'aussi bon service qu'à sept ou huit ans, terme de la bonté de ceux qui ne tetent que cinq à six mois. (C'est ici où l'on reconnoît que l'auteur *n'a jamais été à portée d'observer*. Imbu des maximes des auteurs qui ont écrit avant lui, il a copié & cru de bonne foi une erreur reçue, & il a cherché à la perpétuer, ce qu'il n'eût pas fait, s'il avoit eu pour guides l'ob-servation & l'expérience, sans lesquelles la science

P 3

des haras eſt infructueuſe. Ses obſervations ſur le choix des étalons, la préférence accordée aux naturels des climats chauds, ſont très-judicieuſes. Son remède pour fortifier les jambes des poulains, eſt tiré de *Tacquet*, ainſi que je l'ai déjà fait remarquer).

'Advis, on peut en France, eſlever des chevaux, auſſi beaux, auſſi grands, & auſſi bons, qu'en Allemagne, & royaumes voiſins. Il y a un ſecret pour faire aux belles cavales entrer en chaleur, & retenir. Il y a un autre ſecret, pour faire que les cavales que l'on voudra, porteront des maſles quaſi touſiours, cela eſt expérimenté, &c. Préſenté au Roy. Par le ſieur Querbrat Calloet, conſeiller de Sa Majeſté, cy-devant advocat général en ſa chambre des comptes de Bretagne. A Paris, 1666, in-4º. de 21 pages, & 13 pour le titre, l'épître, &c. ſans nom de libraire, avec figures.

Ce même ouvrage eſt indiqué, ſous la même date, chez Denis l'Anglois le jeune, au mont ſaint Hilaire, dans la cour d'Albret, & c'eſt peut-être une réimpreſſion. Il y en a une autre édition, auſſi ſous la même date, mais différente de celle-ci : elle eſt *in-4°.* de cinquante-quatre pages, avec figures. Le titre de l'exemplaire que j'ai ſous les yeux étant mutilé, je ne puis le faire connoître plus particulièrement.

Après un titre auſſi impoſant & auſſi pompeux, on s'attend à trouver des moyens ſûrs & certains pour propager les beaux chevaux. On eſpère qu'un avocat général de cour ſouveraine, qui eſt retiré par goût & par choix à la campagne, pour ne s'occuper que de choſes ruſtiques, qui ſe compare à Caton, qui a été conſulté & excité par le grand Colbert à publier le fruit de ſes obſervations, a trouvé & indiqué tout ce qu'il promet dans ſon titre : mettons le lecteur à portée d'en juger.

Les moyens de *Calloet,* pour élever de beaux chevaux, ſe réduiſent à quatre. Le premier conſiſte à faire entrer la cavale en chaleur, & à la faire retenir, en lui donnant, huit jours avant de la préſenter à l'étalon, deux meſures de graine de chanvre ſoir & matin, & en donner autant à l'étalon. (Ce prétendu ſecret ſe trouve dans tous les auteurs qui ont écrit ſur les haras.) Le ſecond, pour faire porter des mâles aux jumens qu'on voudra, c'eſt de les faire ſaillir le matin les premières, & au croiſſant de la lune, après qu'elle ſera primée, (c'eſt-à-dire trois ou quatre jours après le croiſſant), & que le vent ſoit d'amont, (c'eſt-à-dire au nord ou à l'eſt). Le troiſième, pour que les chevaux ſoient beaux, grands & vigoureux comme dans les autres royaumes, conſiſte à faire teter les poulains pendant un an au moins, & ſi l'on deſire les avoir parfaits, leur faire teter en même temps une vache & leur mère. Le quatrième, les ſevrer dans l'été, & leur donner, l'hiver ſuivant, du jonc marin concaſſé.

Les raiſons qui ſervent à juſtifier ces quatre moyens, ſont : 1°. que les alimens chauds font engendrer des mâles, & les alimens froids des femelles, parce que la ſemence tient de la qualité des alimens ; que la ſemence froide produit la femelle, & que de la chaude provient le mâle ; & pour appuyer cette aſſertion, *Calloet* cite *Hipocrate*, la loi des Carthaginois, de n'approcher de leurs femmes que tous les huit jours, & la recette d'échauffer la terre, & de faire tremper la graine de melon dans des liqueurs chaudes, pour en avoir de beaux ; 2°. la lune a plus de force à ſon croiſſant qu'à ſon decours, ce qui ſe remarque au flux & au reflux, aux marées & dans les maladies de langueur où l'on meurt d'ordinaire au déclin. Tout ce que l'on ſeme ou que l'on plante au croiſſant, pouſſe avec plus de vigueur : voilà ce qui fait recommander à *Calloet* de faire ſaillir au croiſſant, parce que les corps des animaux ſont autant

sujets aux influences des astres que les plantes, &
qu'il n'y a pas de bonne-femme de village qui ne
mette dans ce temps couver des œufs pondus aussi
dans le premier quartier, pour avoir des coqs. Il
ordonne le vent du nord, parce que le vent souf-
flant d'amont, les œufs sont plus gros & plus poin-
tus que ceux pondus le vent étant d'aval.

3°. Comme les moyens que les fermiers emploient pour avoir de grands bœufs, consistent à
laisser teter long-temps les veaux, de même pour
avoir de grands chevaux, il faut laisser teter long-
temps les poulains, même pendant deux ans, ou
bien jusques à ce qu'ils se sèvrent d'eux-même, ainsi
qu'il se pratique en Tartarie & en Perse. (Je n'ai
jamais lu dans aucune relation ou voyage, ni ouï
dire chose pareille, & je doute de ce fait, qui
est d'ailleurs contraire à la bonne manutention des
haras); & parce que le lait de la jument est maigre,
on lui donne à teter, outre sa mère une vache,
dont le lait est plus gras, mieux cuit & plus nourrissant que celui de la jument.

4°. On leur donne l'hiver, après le sevrage,
du jonc marin pilé, qui vaut mieux que le foin
& l'herbe, a plus de corps & de substance, ce
qui les tient frais, leur fait un bon poumon, &
les empêche de devenir poussifs. Une vache &
une brebis qui en mangent l'hiver, ont plus de

lait que fi elles mangeoient du foin tout leur faoul. (*Calloet* écrivoit en Bretagne, où cette plante eft très-commune dans les landes, & fait la principale nourriture du bétail; mais il a eu tort de chercher à en généralifer l'ufage, fous prétexte d'économie; elle ne peut en être un objet que dans les endroits où elle vient fans culture: d'ailleurs je la crois une nourriture trop forte pour les poulains qui ceffent de teter, & peut-être eft-ce une des raifons pourquoi *Calloet* indique de les laiffer teter auffi long-temps). Notre auteur donne la figure & la defcription d'une machine de fon invention, propre à concaffer cette plante. Cette machine eft formée d'un fleau de balance, à chaque extrémité duquel eft attaché un long pilon. Un homme monté fur le fleau, le fait baiffer & hauffer avec les pieds, alternativement de côté & d'autre.

Une partie de ce que *Calloet* a prefcrit jufques ici, paroît fondé fur des erreurs long-temps acré-ditées ou être particulier à fa province; en re-vanche, les confeils qu'il donne aux nourriciers de chevaux, font juftes, pleins d'avahtages, & de tous les pays. Il leur reproche de nourrir leurs chevaux de légumes, panets, naveaux, au lieu d'avoine & de bon foin; & de faire faillir leurs jumens à l'âge de deux ans par des étalons qui

n'en ont que trois , au lieu d'attendre qu'elles
foient parvenues à l'âge de trois ans , & de ne
les faire étalonner que par un cheval qui en ait cinq.
M. *le Boucher du Croſco* , dans un mémoire ſur
les haras , publié en 1770 , & dont nous parlerons
en ſon lieu , fait le même reproche aux payſans Bre-
tons , ce qui prouve combien les préjugés , l'habitude & la routine ſont fortement enracinés , & ont
d'empire ſur les habitans de la campagne. *Calloet*
prétend que les barbes & autres chevaux des pays
chauds & ſecs , ne réuſſiſſent pas auſſi bien en Bretagne que ceux d'Allemagne & d'Angleterre , dont
le climat froid & humide , lui eſt ſemblable. (C'eſt
au contraire cette analogie de climats qu'il faut
éviter dans les alliances , ſi l'on ne veut pas perpétuer les mêmes défauts , ainſi que je l'ai démontré
dans le cours de mon ouvrage). Du reſte , les
exemplaires de cet ouvrage ſont rares aujourd'hui.
Un a été vendu à une vente publique , en Avril
1786 , plus de douze livres , & il mérite bien ,
par ſa ſingularité , d'occuper une place dans les
cabinets des curieux , ainſi que celui du même auteur ſur les bœufs, vaches, brebis , &c.

Le nouveau & sçavant mareschal, dans lequel est traité de la composition de la nature, des qualités, perfections & défauts des chevaux. Plus, les signes de toutes les maladies, &c. &c. Un nouveau traité du haras qui enseigne le moyen d'élever de très-beaux & bons chevaux, &c. ; traduit du célèbre Markam, gentilhomme Anglois, par le sieur de Foubert, escuyer du Roi. Paris, Loyson, 1666, in-4°. avec fig.

Solleysel dit dans l'avis au lecteur, placé en tête de la troisième édition de son *Parfait Maréchal,* que cette traduction est due à un médecin, qui a bien voulu prendre le nom de l'Escuyer. Nous avons sous les yeux une édition originale, imprimée à Londres en 1675, qui n'est pas la première en anglois, puisqu'elle est postérieure à la traduction françoise.

L'ouvrage est divisé en six parties ; le traité du haras occupe la troisième & partie de la quatrième. Il renferme en tout quarante chapitres. *Aristote, Columelle, Palladius, Pline, Tacquet & De la Noue,* sont les auteurs que *Markam* a le plus étudié. On retrouve dans son ouvrage la crédulité à l'influence des astres, la ligature d'un testicule à l'étalon pour faire concevoir un mâle ou une femelle, la façon de juger du sexe du poulain, par le côté que l'étalon a choifi pour defcendre de deffus la cavale ; l'expédient pour découvrir fi les cavales font pleines, eft bien digne de figurer à côté de ceux que je viens de rapporter : il confifte à verfer quelques goutes d'eau dans les oreilles de la bête ; fi elle fecoue feulement la tête elle eft pleine ; mais elle ne l'eft pas, fi en fecouant la tête, tout le corps friffonne. On peut lui reprocher encore trop d'emploi de la faignée, un trop grand nombre de médicamens, & d'attribuer à l'hippomanès la vertu de guérir de la toux. Il dit que l'hippomanès eft une carnofité noire, en forme de figue, adhérente au front du poulain, que la cavale mange auffi tôt qu'elle l'a mis au monde ; & que fi on la prive de ce morceau, elle ne peut ni voir, ni allaiter fon poulain. (La mère n'en chérit & n'en allaite pas moins fon poulain quand on a enlevé l'hippomanès, qui n'exifte que dans les enveloppes du fœtus, & fans jamais pouvoir être adhérent à fa tête).

On ne peut pardonner à *Markam* d'affirmer, qu'en faifant donner, dans le déclin de la lune, un coup de corne dans la bouche du cheval, on guérira les vers qui s'engendrent dans fon corps, pourvu qu'il avale le fang qui en fortira. *Markam*, qui paroît avoir confacré fes veilles au bien public, auroit dû lire avec plus d'attention dans les ouvrages des auteurs vétérinaires qui l'ont précédé, & ne donner pour remèdes que ceux approuvés par l'expérience & la saine raison. Cet auteur a beaucoup écrit sur les chevaux, & souvent sous des noms supposés. M. de *Newcastle* assure que l'ouvrage de *Blundeville*, & celui de *le Gray* lui appartiennent, bien qu'il ne les ait pas avoués.

Traité de George Simon Winter, pour faire race de chevaux, divisé en trois parties, tout observé par expérience, enrichi de très-belles figures & traduit de la langue allemande en la latine, italienne & françoise. Nuremberg, chez Endter, 1672, in-fol.

Cet ouvrage, imprimé sur quatre colonnes, reparut en 1703, augmenté, & le *catalogue de la bibliothèque de Rivin* en marque une édition de 1687.

Dans la première & seconde partie, après avoir montré l'avantage que procure un haras, *Winter* indique les hauteurs de préférence aux plaines, comme le lieu le plus favorable à l'asseoir; il donne le plan d'une écurie, (un peu trop étendu & dispendieux), & veut qu'on attache à tous les poteaux des drogues qu'il indique, dans un sachet, ce qui sera bon contre les sorcelleries; il veut encore qu'on

attache une pièce d'écarlate neuve fur les crins du cheval. Il dit : « qu'il faut avoir égard, dans les
» accouplemens, aux fignes céleftes, dont les in-
» fluences & conftellations opèrent efficacieufement
» dans les corps inférieurs, & contribuent beaucoup
» à une heureufe & malheureufe génération : faire
» couvrir les cavales noires, les pies, dans les fignes
» faturnins, martiaux, mercuriaux, c'eft-à-dire,
» un famedi, à l'heure de Mars ou de Mercure
» dans le capricorne & verfeau, ou bien un mardi
» à l'heure de Saturne ou de Mercure dans le
» lion, bélier, fagittaire, &c. ; les cavales rou-
» ges, brunes, fauves-pies, le mardi à l'heure de
» Mercure dans le lion, jumeaux, taureau, fagit-
» taire, &c. Les raifons en font, parce que la tein-
» ture de Saturne eft le noir ou l'obfcur, celle de
» Mercure, le blanc ». *Winter* préfère le 20 de mars jufques au 12 de mai pour faire étalonner ; mais jamais au croiffant, ni à la pleine lune, ni au dernier quartier. (Quand donc ! ce font lettres clofes : devines fi tu peux, & choifis fi tu l'ofes).

Un mois avant la monte, on doit nettoyer la bouche & la langue de l'étalon, & le faire bien fai-gner au palais. Huit jours après le faut, il faut le pur-ger au déclin de la lune, au figne du cancer ou du verfeau. Un quart d'heure avant le faut, on lui donnera, & à la jument, fur un morceau de pain,

ou avec de l'avoine, une demi drachme de femence
de petite ortie, cueillie dans l'équinoxe de l'automne, au point du croiffant ou de la pleine lune;
de la forte, on eft affuré que la jument ne refufera plus fon étalon. (L'on eft affuré auffi de l'affoiblir, de le gâter par tant de faignées & de
médicamens; & la nature n'attendra pas, pour
donner à la jument le defir d'être faillie, que l'on
ait pris la puérile précaution de voir fi les aftres
font bénins, & les planettes dans de favorables
conjonctions).

En parlant des moyens d'avoir de beaux mulets, l'auteur rapporte comme une recette infaillible, pour obliger à faire leurs devoirs les ânes
qui ne font pas d'humeur à couvrir les jumens,
« de leur donner de bons coups de bâtons, & de
» continuer cet exercice jufques à ce que l'envie
» les prenne d'étalonner; & quand le baudet aura
» fait fon faut, & qu'une heure après on lui re-
» préfentera la jument, qu'il refufera de faire ce
» qu'on fouhaite, alors il faudra recourir au fufdit
» remède, & n'épargner point le bâton. » (Tous
coups de bâtons ont des fuites; celles de ceux qu'on
donne aux ânes font, felon *Winter*, de les rendre
amoureux; ils me paroiffent propres à produire
un effet contraire; à moins peut-être qu'on ne
fe ferve du remède indiqué par *Pline*. Il confifte à

cracher

cracher dans la paume de la main avec laquelle on tenoit le bâton , les douleurs disparoissent tout de suite ; c'est ce qu'on éprouve souvent, dit *Pline*, après avoir bien bâtonné cheval , âne, ou bœuf, à qui ce petit lénitif fait reprendre aussi - tôt leur allure. Il est mal à *Winter* de n'avoir pas indiqué ce palliatif de *Pline*, que j'ai cru devoir rapporter pour l'usage de ceux qui seroient tentés de se servir du bâton).

La troisième partie contient des instructions pour le devoir d'un directeur & autres employés au haras. (Ces instructions sont bonnes) ; la liste nombreuse des drogues qui doivent former la pharmacie du haras ; un almanach des ouvrages à faire chaque mois de l'année ; enfin l'ouvrage est terminé par un modèle de la liste des étalonnemens, & par un grand nombre de figures assez bien gravées, représentant les chevaux de différens pays, d'après *Strada* ; tous les monstres véritables & fabuleux de *Jonston*, & les différentes espèces de montes en usage. *Winter* est encore auteur de plusieurs autres ouvrages sur l'art de l'écuyer & sur la médecine des chevaux, écrits, soit en allemand, soit en latin, & qui renferment , ainsi que celui dont nous venons de donner la notice, d'excellents préceptes, mais noyés dans une infinité d'absurdités & d'erreurs.

L'Escuyer françois, qui enseigne à monter à cheval, &c. ; le moyen de faire & gouverner un bon haras avec profit. Paris, 1682, — 1684, — 1685, in-8°. avec figures.

Malgré l'approbation de MM. *Coulon, Duquerinai, du Gard, de Rochefort,* tous écuyers du roi, qui ont trouvé cet ouvrage très - utile, & même nécessaire à la noblesse pour bien apprendre l'art de monter à cheval, & qui assurent que ceux qui voudront faire un haras y trouveront les moyens d'en établir un bon avec facilité & profit. Je puis assurer que *l'Escuyer François* est très-imparfait & nullement propre à remplir son objet. Il est divisé en trois parties ; c'est la troisième qui contient le traité sur les haras, & ce traité n'est qu'un petit extrait des préceptes & du style du *duc de Newcastle.*

Économie générale de la campagne, ou nouvelle Maison rustique, par le sieur L. Liger. Paris, chez de Sercy, 1700, 2 vol. in-4°., avec figures.

Depuis que *Liger* s'est emparé de la *Maison*

ruſtique, on a pour ainſi dire oublié toutes celles qui avoient précédées la ſienne, & qui y ont ſervi de fondement : c'eſt un auteur très - fécond du commencement de ce ſiècle ; mais de ſes nombreux ouvrages, celui-ci eſt le ſeul qui ſe ſoit ſoutenu juſques à préſent. Il a été réimprimé & édité un grand nombre de fois ; la dixième & dernière édition eſt de 1775. C'eſt dans le tome premier, livre III, chapitre 2, qu'il eſt queſtion du *haras des chevaux*. Ce chapitre eſt diviſé en ſix articles ; 1º. les lieux propres aux haras ; 2º. le choix des étalons ; 3º. l'aſſortiment des jumens ; 4º. la monte ; 5º. la manière d'élever les poulains ; 6º. la manière de les dreſſer. En voici le réſumé :

Les pays qui ont pour expoſition le levant ou le midi, & qui ſont coupés par des collines, des vallons & des plaines, comme ſont l'Andalouſie, & la plupart des contrées que parcourent les Arabes, ſont les lieux les plus propres aux haras. (Cette indication des lieux propres aux haras, figureroit mieux dans une maiſon ruſtique à l'uſage des Eſpagnols & des Arabes, que dans un ouvrage deſtiné à des cultivateurs françois). L'étalon ſera âgé depuis quatre ans juſqu'à quatorze ; il aura du courage, de la vigueur, une belle diſpoſition à faire le manége, la juſte diſpoſition de ſes membres, de beaux crins, une belle queue ; il ſera de bonne nature, de bonne race, & exempt de maux d'yeux & de jarrets. On ne doit pas plus eftimer les étalons barbes, turcs, arabes, efpagnols, anglois, que ceux élevés dans les haras de France, s'il ne font meilleurs; c'eft pourtant une opinion affez bien établie, que les étalons étrangers font plus propres à commencer des races, & que les étalons françois, qui en viennent, valent mieux pour les continuer. (Suivant ce faux principe, on pourroit établir en France d'excellentes races en n'employant d'autre moyen que celui d'avoir une feule fois, pour chaque efpèce, une tige étrangère : mais que devient alors la dégradation caufée par l'influence du climat, par celle du fol, des alimens, &c.). Deux étalons fuffifent pour foixante jumens. —— L'affortiment des cavales doit fe faire de bon poil & de différentes grandeurs. Elles feront âgées de quatre ans, bien ouvertes devant & derriere, larges & bien faites, point trop graffes, auront le flanc grand, & fur-tout qu'elles foient bonnes nourrices. —— La monte fe fera depuis le premier avril jufques à la fin de juin. Auffi-tôt que l'étalon aura couvert & démonté la cavale, on lui jettera, fans perdre de temps, le plus fort qu'on pourra, un feau d'eau très - fraîche au derrière & fur les reins : il eft bon auffi de la promener quelque temps au trot, & encore mieux de la faire entrer dans l'eau jusques pardeſſus les reins; rout cela contribue à la faire retenir. (Cette pratique eſt inutile, infructueuſe & ſouvent dangereuſe. *Winter* lui-même, que nous avons vu ſi crédule & ſi ſuperſtitieux, en a démontré évidemment l'abſurdité.). Les autres articles n'ont rien d'eſſentiel, & méritent peu d'être connus.

La connoiſſance parfaite des chevaux, contenant la manière de les gouverner, &c. ; joint à une nouvelle inſtruction ſur les haras , bien plus étendue que celles qui ont paru juſqu'à préſent, afin d'élever de beaux & bons poulains pour toutes ſortes d'uſages. Paris , chez Ribou , 1722 , in-8°. avec figures.

Cet ouvrage fut réimprimé en 1730 & en 1741 , on augmenta cette troiſième édition d'un dictionnaire de manége, & d'une table raiſonnée des matières. C'eſt une compilation dont *Liger* a été le rédacteur , & dans laquelle *Jourdain , Delcampe & Solleyſel* jouent les plus grands rôles. Elle eſt diviſée en trois livres; les chapitres XVIII, XIX., XX , XXI , XXII, du livre premier traitent du haras & de tout ce qui y a rapport. C'eſt principalement dans *Solleyſel* que le rédacteur a

puifé la matière de ces chapitres, qui ne préfen-
tent rien de neuf, & dans lefquels il répète toutes
les erreurs de celui qu'il copioit.

---

*Le nouveau théâtre d'agriculture & ménage des
champs ; par le fieur Liger. Paris, chez Beu-
gnié, 1713, in-4°. figures.*

Le théâtre d'agriculture de Liger n'eft qu'un
plagiat des ouvrages qui traitent de l'économie
ruftique, il eft divifé en cinq livres fubdivifés en
chapitres ; le vingt-unième du deuxième livre eft intitulé *du haras*, où *l'on traite à fond de la manière de gouverner les cavales & les étalons, de les
choifir, & comment élever de beaux poulains &
les dreffer au harnois.*

Les préceptes du duc de *Newcaftle* & de *Solleyfel*, font ceux que *Liger* a copiés. Il veut, felon
le fentiment du dernier, laiffer teter les poulains
pendant un an, parce qu'alors ils peuvent rendre
fervice dès l'âge de trois ou quatre ans. Il exige
que l'étalon ait trois mois de repos avant de couvrir les jumens, qu'il foit amplement nourri, âgé
de cinq ans, & réformé à quinze. Il peut, dit-il,
fuffire à douze ou quinze cavales par jour ; fi on
lui en donne davantage, fon crin & fa queue lui
tombent de fatigue, & on a mille peines à le re-

mettre. (Le *Duc de Neuwcaſtle* a dit cela plus au long, & je l'ai rapporté page 224. Le nombre de douze ou quinze cavales par jour, eſt capable d'énerver promptement les étalons les mieux conſtitués. *Liger* a peut-être voulu fixer ce nombre pour le temps de la monte ; & il n'y auroit alors rien de trop, puiſque quelques auteurs l'ont porté pendant ce temps de vingt-cinq à trente, & que lui-même, dans ſa *Maiſon ruſtique* (ci-devant page 244), l'a fixé à ce dernier).

Il parle enſuite du haras pour les mulets, du choix de l'âne étalon, & de la jument qu'on lui deſtine ; il a auſſi beaucoup copié *de Serres*, dont il a pris juſqu'au titre de l'ouvrage.

Dictionnaire pratique du bon ménager de campagne & de ville, qui apprend généralement la manière de nourrir, élever & gouverner, tant en ſanté que malades, toutes ſortes de beſtiaux, chevaux & volailles, &c. ; par le ſieur Liger. Paris, chez P. Ribou, 1715, 2 vol. in-4°.

Compilateur infatigable, *Liger* s'eſt reproduit ſous toutes ſortes de formes, & s'eſt approprié tout ce qui avoit été écrit avant lui ſur les objets qu'il traitoit ; il s'eſt ſouvent copié lui-même, & l'ouvrage que nous annonçons en eſt une preuve convaincante : fa *Maifon ruftique*, fon *Théâtre d'agriculture*, fa *Connoiffance des chevaux*, fes *Amufemens de la chaffe & de la pêche*, &c. &c., forment, en abrégé, la matière de ce dictionnaire, qui a eu plufieurs éditions, tant françoifes qu'étrangères, ainfi que le *Théâtre d'agriculture*. C'eft aux mots *cavale & eftalon*, dans le premier volume, & à ceux *haras & poulain*, dans le fécond, qu'il donne un abrégé des préceptes contenus dans fes précédens ouvrages.

Chaque mot de ce dictionnaire eft terminé par le nom ou par la phrafe latine qui l'exprime, & fouvent par fon étymologie.

Réglement du Roi & inftruction touchant l'adminiftration des haras du royaume. Paris, de l'Imprimerie royale, 1717, in-4°. de 158 pag. en tout.

Ce réglement eft précédé de lettres-patentes du roi, du 22 février 1717, qui en ordonnent l'exécution, & divifée en neuf titres. Les premier, fécond, troifième, quatrième & huitième, concernent particulièrement les officiers des haras; les cinquième, fixième, regardent les propriétaires ; & les feptième & neuvième font relatifs à la police de l'adminiftration. Il eft fuivi d'une déclaration du roi, tou-

chant les privilèges accordés aux gardes-étalons, &
publiée dès le 22 septembre 1709 ; d'un mémoire du
conseil du dedans du royaume, pour servir d'inftruction à MM. les intendans, touchant le rétablissement des haras ; d'un autre mémoire du conseil, pour servir d'instructions aux commissaires
inspecteurs des haras, touchant l'administration,
& d'une instruction aux gardes-étalons, toutes
du 28 février 1717.

Suivant ce réglement, un particulier a, par pri-
vilège exclusif à tout autre, le droit de tenir un
étalon pour tout un canton ; & outre les privilèges, & une diminution réglée sur ses impositions,
que sa majesté accorde à chaque garde-étalon, elle
lui donne encore le droit d'annexer trente à trente-
cinq jumens à son étalon, soit du choix de l'infpecteur qui doit faire la revue de toutes les jumens du canton, soit de son propre choix, au
défaut de l'inspecteur. Les jumens annexées bon
gré, malgré, bonnes ou mauvaises, soit qu'on les
mène à la faillie ou non, paient le droit de
monte, & il est défendu, sous peine d'amende &
de confiscation, à tout propriétaire, de faire faillir
sa cavale par un cheval entier à lui appartenant,
ou par tout autre que celui du garde-étalon, quelque
peu de rapport & d'assortiment qu'il y ait entre celui

ci & la jument, & quand même il feroit accablé de
tares naturelles ou acquifes, &c. L'adminiftration
des haras eft attribuée à MM. les intendans des provinces. (Une longue expérience prouve que ce réglement a plutôt concouru à la deftruction des
bonnes efpèces de chevaux qu'à leur multiplicité ;
que même il a fervi d'entraves, & en fervira tant
qu'il fera en vigueur, puifque quiconque veut former un haras de bonne race, ne le peut fans permiffion, & eft affujetti à des vifites capables de le
dégoûter : d'ailleurs la plupart des intendans, font
peu connoiffeurs en chevaux, fouvent tous ont
trop d'autres affaires, pour n'être pas obligés de
s'en rapporter, fur beaucoup de détails, aux
infpecteurs, fouvent occupant ces places par pro-
tection, qui par conféquent, dans ce cas, fe con-
noiffent médiocrement auffi en chevaux, abufent de
leur ignorance ou de leur pouvoir, fe contentent
de faire chaque année une tournée, s'en rapportent aux gardes - haras, ou gardes-étalons ;
& par-là ne peuvent connoître tous les abus qui
s'introduifent fous des prétextes fpécieux ; d'ailleurs
encore, un feul étalon peut-il fuffire dans un feul
canton ? J'ai fait voir l'impoffibilité & le vice de
ce moyen. Ces étalons, mal choifis, mal gou-
vernés, ne peuvent être bien appariés, il eft

réfulté des poulains découfus, tarés, &c. ; de-là
la diminution claire & notable de la quantité &
de la qualité de l'efpèce, &c.

Nous avions jadis d'excellentes races & en grand
nombre dans toutes nos provinces. La gendarmerie
françoife, qui compofoit prefque en entier nos armées,
étoit célèbre par la vigueur & la beauté de fes chevaux, comme par la bravoure & l'adreffe des
chevaliers. Notre nobleffe, infiniment plus nom-
breufe qu'elle ne l'eft aujourd'hui, paffoit les trois
quarts de fa vie à cheval, & menoit à fa fuite
une prodigieufe quantité de gentilshommes., fes
vaffaux ou fes amis, de palfreniers & de valets
montés fur des rouffins, & conduifant les relais,
les deftriers de leurs maîtres. Tous ces chevaux
étoient entiers; un gentilhomme eût été deshonoré,
fi on l'eût reconnu monté fur une jument. Quelle
immenfe quantité cela ne fuppofe-t-il pas dans
l'efpèce? & cette quantité étoit produite parce
qu'on apparioit naturellement les belles races,
qu'on n'en demandoit permiffion à perfonne,
& que la nobleffe s'attachoit à les faire perpétuer dans fes terres, n'ayant à effuyer ni réglement, ni infpection, ni formalité, ni gêne.
(*Voyez, Journal d'Agriculture, juillet 1766.*)

Le gouvernement s'étant apperçu que les remontes des guerres de 1688 & de 1700 avoient

coûté plus de cent millions à la nation, & que cette fomme portée à l'étranger eût fervi à la reproduction des belles efpèces, & aidé le peuple à payer les impofitions, fi la France eût été peuplée de chevaux : voyant enfin de quelle importance il étoit pour le bien de l'état de s'appliquer au rétabliffement des haras, la poffibilité de l'exécution & les avantages qui en devoient réfulter, adreffa à MM. les intendans & commiffaires départis dans le royaume, un mémoire pour leur fervir d'inftruction touchant le rétabliffement des haras.

Ce mémoire eft rempli de bonnes vues, d'excellentes inftructions, & s'il n'a pas produit le bien qu'il devoit produire, le réglement auquel il eft fubordonné en eft feul la caufe. Celui, pour fervir d'inftruction à MM. les infpecteurs, & l'inftruction aux gardes-étalons, pouvoient être plus prévoyans ; ils renferment cependant de bons préceptes.

On a réimprimé ce réglement en 1724, & on y a ajouté toutes les pièces qui avoient été publiées poftérieurement à la première édition ; elles font au nombre de quatre. 1°. Réglement pour les haras de Navarre, Béarn, & autres pays de la généralité d'Auch, du 15 avril 1718 ; 2°. Ordonnance touchant les haras des particuliers, du

16 juin 1718; 3°. Réglement pour les haras de l'intendance de Roussillon, Conflent, Cerdaigne & pays de Foix, du 31 août 1718; 4°. Ordonnance concernant les particuliers qui ont passé des traités avec MM. les intendans pour entretenir des haras, du 20 avril 1719. Cette édition a 179 pages, tout compris.

Feu M. *Bourgelat* a écrit *des réflexions sur le réglement général des haras, & sur les innovations utiles à faire en cette partie.* Nous avons lu ces réflexions, qui ne sont encore que manuscrites; elles contiennent d'excellentes vues pour l'amélioration & le rétablissement de nos espèces de chevaux; elles indiquent ou elles interprètent aussi l'esprit du réglement quand il en est besoin. Nous regrettons beaucoup de ne pouvoir les faire connoître plus particulièrement à nos lecteurs; mais nous espérons que quelque jour l'impression les rendra générales, & qu'elles ne resteront pas bornées aux seuls inspecteurs des haras, pour l'instruction desquels M. *Bourgelat* paroît les avoir particulièrement rédigées.

Détail inftructif des haras, où l'on voit tout ce qu'il y a à obferver pour la réuffité de fon établiffement & de fa continuation; par le fieur Alforfo Guérini, écuyer de fon Excellence Monfeigneur le Baron de Pentenriedér, Cambray, chez Nicolas-Jofeph Douilliez, 1724, in-12 de 168 pages, tout compris.

Ce petit ouvrage eft divifé en cinquante articles, prefque tous intéreffans, & pleins d'obfervations qui prouvent que *Guérini* a dirigé des haras, & y a apporté l'envie de s'inftruire & de s'éclairer. On eft étonné de lire dans le dix-feptième, que les jumens couvertes dans le croiffant de la lune, produiront non-feulement le plus fouvent un mâle, mais auffi un poulain plus fort, mieux taillé, & de meilleur fervice que fi elles étoient devenues pleines pendant le déclin; & que fi le poulain engendré pendant le croiffant d'une lune naît pendant une femblable nouvelle lune, il participe alors doublement de l'avantage de cette influence, laquelle n'a pas moins de force fur la naiffance que fur la génération; & pour montrer que cette combinaifon de conception & de naiffance eft poffible, il fe livre à un calcul auffi ab-

ſurde qu'inutile ; il en fait enſuite un autre in-
verſe, pour faire voir que la jument peut devenir
pleine & accoucher dans le déclin de la lune.
Mais autant le croiſſant de cet aſtre eſt favorable
pour la conception & la naiſſance des poulains,
autant elle leur eſt déſavantageuſe pour le ſevrage
ſelon *Guérini*, qui recommande en conſéquence de
les ſevrer dans le déclin, & de leur attacher un
morceau de corne de cerf au col. (Ce taliſman
étoit en grande vénération chez les anciens,
Apſirte & quelques autres le recommandent ; *Tacquet*, *Winter*, &c. l'ordonnent d'après eux ; c'eſt
comme nous avons vu les ſachets d'Arnoud, qu'il
ſuffiſoit de porter ſur l'eſtomac pour être préſervé
de mort ſubite). *Guérini* a pris dans *Tacquet* &
dans *Markam* les remèdes qu'il indique pour la
toux des poulains qui tetent, le chapitre qui traite
des cauſes qui font avorter les cavales, &c. &c.

---

*École de cavalerie, contenant la connoiſſance,
l'inſtruction & la conſervation du cheval ; par
M. de la Guérinière, écuyer du Roi. Paris,
Guérin, 1736, 2 vol. in-8º. avec figures.*

Cette édition de l'école de cavalerie eſt la première *in*-8º. L'ouvrage avoit déjà été publié, ſous

forme de leçons, dès 1729 , *in-12* ; & une feconde édition augmentée avoit fuivi en 1731. Il
avoit paru auffi *in-fol.* en 1733 ; mais l'auteur ne
parle pas des haras dans ces leçons ; & dans cette
édition *in-fol.*, qui eft très-belle, il dit feulement
un mot en paffant des chevaux de différens pays,
qu'on emploie comme étalons. (Seconde leçon ,
chapitre III , & première partie, chapitre V. de
l'*in-fol.*). Elle reparut fous ce dernier format en
1736 & 1751 ; en 1754 & 1769, *in-8°.* ; en
1742 auffi *in-8°.*, fous le titre de *Manuel de
Cavalerie*, & enfin *in-12* , fous celui d'*Elémens
de Cavalerie*, en 1741 , 1754 & 1768. Dans
toutes ces éditions on trouve un *traité du haras*,
il eft placé à la fin de l'ouvrage dans les éditions
in-8°. & *in-fol.*, & à la fin de la première partie dans les éditions *in-12* & dans le *Manuel de
Cavalerie.*

Ce traité eft divifé en quatre articles ; ils com-
prennent, 1°. l'expofition du terrein & la qualité
des pâturages ; 2°. le choix des étalons & des cavales ; 3°. les règles qu'on doit obferver dans la conduite d'un haras, la diftribution du terrein, l'âge
que doivent avoir les étalons & les jumens, la
quantité de jumens qu'un étalon peut fervir , le
temps de la monte, la manière de faire couvrir ,
le temps où la jument met bas ; 4°. la manière

d'élever

d'élever les poulains jusques à ce qu'ils soient en
état de rendre service, dans quel temps il faut
les sevrer, &c.

M. *De la Guériniere* est généralement & jus-
tement reconnu comme l'un des meilleurs hommes
de cheval que la France ait produits dans ce siècle.
Ses préceptes, pour dresser les chevaux à toutes
sortes d'usages, sont aussi lumineux que certains,
& écrits dans un style aussi pur qu'élégant & concis.
Son traité du haras lui fait également honneur.
Non content d'avoir recueilli avec soin tout ce
que *Tacquet*, *de la Noue*, *Newcastle*, *Solleyfel*,
& autres avoient observé sur cette matière, il y
a joint des réflexions particulières, qui ne peuvent qu'être très-avantageuses pour tous ceux qui
gouvernent ou veulent établir un haras. Son ouvrage forme une ligne de démarcation bien sensible entre le siècle précédent & celui-ci; & il
est le premier qui ait envisagé l'hippiatrique comme
elle mérite de l'être.

*Le nouveau parfait mareſchal, ou la connoiſ-
ſance générale & univerſelle du cheval, diviſé
en ſix traités, avec un dictionnaire des termes
de cavalerie, le tout enrichi de 49 figures en
taille-douce; par M. F. A. de Garſault, ci-
devant capitaine en ſurvivance du haras du
Roi. Paris, 1741, in-4°.* — Deuxième édition, diviſée en ſept traités, dédiée à M. de
Maurepas, & enrichie du portrait de l'auteur.
Paris, 1746. — Troiſième édition, Paris,
1755. — Quatrième édition, Paris, 1770.
— *Idem*, 1771.

Le traité du haras eſt le deuxième; il eſt diviſé
en onze chapitres. Le premier contient l'extrait
de pluſieurs lettres, de Louis XIV & de Colbert, à pluſieurs grands propriétaires & ſeigneurs,
relatives au rétabliſſement des haras en France.
On y voit combien ce miniſtre, connoiſſant tout
l'avantage & l'utilité que le royaume tireroit de
la propagation & de la perfection des races de
chevaux, avoit à cœur d'y réuſſir. Il en auroit eu
ſans doute la ſatisfaction & la gloire toute entière,
& nous n'aurions pas autant à gémir du dépériſ-
ſement de l'eſpèce, s'il eût vécu plus long-temps,

que si ses successeurs eussent eu le même zèle pour cette branche de commerce, si nécessaire & si profitable.

M. *De Garsault* demande, dans les chapitres suivans, pour établir un haras, un enclos parqueté. Il donne le choix aux terreins secs & élevés, & il regarde trois quarts d'arpens de prairies comme suffisans pour nourrir toute l'année un cheval entre deux tailles. Il recommande vivement le croisement des races, l'attention la plus scrupuleuse sur l'assortiment des figures & des qualités dans les accouplemens. Il passe ensuite à la monte ; convient que les jumens retiendront mieux dans celle qui se fait en liberté ; mais il ne la conseille que dans le cas où l'on a un étalon dont on veut tirer encore quelques *couvertures* avant de le réformer ; parce qu'il se fatigue & se ruine plus de cette manière, qu'il ne le feroit en quatre ans dans la monte à la main. Il ridiculise & rejette, comme de raison, tous les abus & les superstitions de ceux qui s'imaginent posséder des secrets ou recettes, & les emploient pour avoir des poulains mâles, ou du poil qu'ils souhaitent, comme si la nature, avertie de leur intention, devoit se laisser diriger & suivre leurs desirs.

(Les observations intéressantes répandues dans ce traité, rappellent en partie celles de *Tacquet*.

De la Noue, *De Newcastle*, &c. , & dénotent
que l'intention de l'auteur a plutôt été d'effleurer la
matière, que de la traiter dans toute son étendue ,
qui mieux que lui auroit pu inftruire à fond fes lecteurs. Je fuis fâché cependant de trouver dans le
chapitre quatrième qu'on peut choifir la cavale de
quelque pays qu'elle foit, parce qu'elle n'eft que la
dépofitaire de la race de l'étalon, ou que fi elle
donne à fon poulain quelque chofe d'elle, c'eft fon
avant-main qu'elle lui communique ; tandis qu'il
eft de fait que la mère tranfmet à fon fruit fes
vices & fes imperfections; que le poulain reffemble
au père par les extrémités , & à la mère , par le
corps & le tempérament ; ce qu'il eft facile de
vérifier par les productions de deux efpèces différentes ; telles, par exemple, que de l'âne & de
la jument, ou du cheval & de l'âneffe. Dans la première union, le mulet a la tête plus courte & plus
groffe que le cheval, les oreilles plus longues, la
queue prefque nue, les jambes sèches, & le pied
comme celui de l'âne ; il fe rapproche de fa mère
par la grandeur & la groffeur du corps, par l'encolure, l'arrondiffement des côtes, la croupe & les
hanches. Le mulet , iffu du cheval & de l'âneffe, a
la tête plus longue & plus mince que celle de l'âne, les
oreilles plus courtes, les jambes plus fournies, la
queue garnie de crins, à-peu-près comme celle du

cheval, le dos de carpe, la croupe pointue comme l'âneſſe, &c. &c.)

Dictionnaire univerſel d'agriculture, & de jardinage, de fauconnerie, chaſſe, pêche, cuiſine & manège, en deux parties, 2 vol. avec fig. Paris, chez David, 1752, in-4°.

On lit dans la préface de cet ouvrage, dont M. *de la Chenaie des Bois* a été le rédacteur, que ce n'eſt autre choſe que le *dictionnaire du bon ménager de Liger*, conſidérablement augmenté. Je n'ai pas pris la peine d'examiner ſi l'auteur dit vrai pour tous les articles de ce dictionnaire; mais je puis aſſurer que ceux qui concernent les haras, & qui ſont dans la première partie les mots *cavale* & *poulain*, & dans la deuxième, ceux *étalon* & *haras*, bien loin d'être augmentés, ſont au contraire, abrégés ou extraits ſeulement de *Liger*. Ainſi voyez ce que j'ai dit de ce dernier dans la notice de ſes ouvrages, pages 243, 244, & ſuivantes.

Histoire naturelle, générale & particulière, avec la description du cabinet du Roi, par MM. de Buffon & Daubenton. Paris, de l'Imprimerie royale, 1752. — 1768, 31 vol. in-12, avec figures. — La même, nouvelle édition, 1769. — 1770, 13 vol. in-12, fig. — Ibid, supplément, 1774. — 1782, 12 vol. in-12, figures.

Les premiers volumes de cet excellent ouvrage ont paru dès 1749, & ont été imprimés plusieurs fois : il a aussi été imprimé *in-4°.*, & non-seulement contrefait chez l'étranger, mais encore traduit dans presque toutes les langues vivantes. C'est dans la seconde partie du tome septième, de l'édition en trente-un volumes, dans le tome sixième de celle en treize volumes, & dans le tome cinquième du supplément, qu'on trouve tout ce qui a rapport au cheval, à la jument, & aux différens produits de leur génération.

Génie aussi vaste que sublime, M. *De Buffon* a su réunir, à l'étendue des recherches les plus profondes, l'énergie & l'aménité d'un style toujours pur, éloquent, & harmonieux. L'histoire naturelle du cheval est agréable & intéressante. Il a exposé

la structure, le caractère & le méchanisme des
fonctions de cet animal, avec autant de vérité que
de précision. Presque tous ceux qui ont écrit sur
les haras, depuis la publication de l'ouvrage du
Pline François, l'ont cité ou copié, pour s'épargner la peine d'aller puiser dans les mêmes sources
qui ont fourni à M. *De Buffon* les matériaux ; &
M. *De Buffon*, en citant quelquefois ces sources,
en marque sa reconnoissance aux auteurs. Il auroit
été à desirer pour la gloire de *Dubreuil-Pompée*,
pour celle de *Crescens*, de *Gallo*, de *Tacquet*, de
De la Noue, qu'il eût daigné leur faire la même
faveur, puisqu'il paroît avoir puisé dans l'ouvrage
du premier pour son éloge & sa description du
cheval (1), & dans ceux des autres, pour ce qui
en concerne la génération.

---

(1) Voyez page 28 de l'ouvrage intitulé : *Abrégé
des sciences en général, instruction de la grace & belle
posture que le cavalier doit avoir à cheval, &c.; la description des qualités d'un beau & bon cheval en françois & en latin ; par le sieur Dubreuil Pompée, gentilhomme Poitevin. A Arnhem, chez Jean Frédéric
Haagen, 1669, in-12 de 38 pages.*

Instructions sur les haras, par M. J. C. Chentner, vol. in-8°., *Berlin*, 1754.

Tel est le titre françois d'un ouvrage indiqué par M. *Vitet*, dans ses *analyses des Auteurs*, (*Médecine Vétérinaire*, tome III, deuxième partie, pag. 129). On trouve après ce titre une notice de deux pages, & comme il s'agit d'un ouvrage imprimé à Berlin, on a tout lieu de croire que, dans cette notice, il va être question des haras d'Allemagne, point du tout, elle est toute employée à faire la critique de nos *réglemens des haras*, dont M. *Vitet* ne parle nulle part, & à proposer des moyens de réforme & d'encouragemens dans cette partie. On y parle des haras du Bugey & de la Franche-Comté, qui sont très-loin de Berlin, & on ne dit pas un mot de l'ouvrage dont on a donné le titre. M. *Vitet* se contente de dire en deux lignes, à la fin de sa notice, « que » *Chentner* n'a rien ajouté, sur les haras, aux idées » des écuyers qui l'ont devancé ». Il faut, & on doit s'en rapporter aveuglément à sa décision ; cependant, tant qu'il n'aura pas instruit plus particulièrement le public de l'existence de l'ouvrage françois qu'il indique ; il me permettra de penser qu'il

ne l'a jamais vu , & que le jugement qu'il en porte
est au moins hafardé. Je me contenterai , en attendant qu'il donne fes renfeignemens , de dire
deux mots de ce prétendu ouvrage françois , qui ,
n'ayant jamais été écrit en cette langue , n'auroit
pas trouvé place dans ma notice , fans l'indication
qu'en donne M. *Vitet* , & d'après lui , les autres
bibliographes. Ce que je vais en dire , est extrait
d'une lettre que M. *Huzard* a bien voulu me communiquer , & qui lui a été écrite au fujet du
Chentner de M. *Vitet* , par un médecin de Paris très-
verfé dans toutes les parties de la littérature médicale.

« Il est prefque démontré que M. *Vitet* a demandé ou pris des renfeignemens fur la vétérinaire , par-tout où il en aura trouvé ; les fources
n'étant pas toujours pures , il aura néceffairement
fait des fautes , & eftropié des auteurs & des ouvrages , comme quand il a écrit *Lugard* pour
Layard , & ici *Chentner* pour *Zehentner*. Il y a
trop d'identité entre ce titre original & la traduction étranglée qu'en donne M. *Vitet* , fans
favoir ou fans dire qu'il copie une traduction ,
pour que cela puiffe être autrement. Voici le véritable titre de l'ouvrage » : *Kurtzer und grund-
licher untericht von der pferde zucht , in welchen
die urfachen des verfalls derfelben , nebft dem da-
raus enftehenden groffen fchaden croff net werden ,*

wie auch die art und waife wie die gestule in beffere verfaffung zu Bringen das der landesherr, fo wolh, als die ein wohner groffen nutzen davon haben Komen, aus eigener erfahrung angeweifet wird, entworffen, von Joseph-Christoph Zehentner Kœnigl stall meifter und director der Koenigl ritter Academie zu Berlin und Frankfurth an der Oder. Berlin (bey C. F. Voff.) 1754. 8°. (176 fcit.). —— Neve aufl. Berlin, 1770. 8°.

C'eft-à-dire: *Précis d'une inftruction fondamentale fur les maladies des chevaux, dans laquelle on développe les caufes de leur dépériffement, & des préjudices confidérables qui en réfultent: on y a joint les moyens de monter les haras fur le plus haut pied, afin que les princes, les feigneurs & les fermiers puiffent en retirer le plus grand bénéfice ; le tout d'après l'expérience ; publié par Joseph-Chriftophe Zehentner, écuyer du roi, & directeur des académies royales d'équitation de Berlin & de Francfort-fur-l'Oder. Berlin, (chez C. F. Voff.) 1754. in-8°. (176 pag.) —— Nouvelle édition, Berlin, 1770. in-8°.*

« Par la comparaifon de ces titres avec celui qu'a donné M. *Vitet*, on voit qu'il n'a admis que le titre fecondaire *fur les haras*, fans le faire précéder du titre principal & premier *fur les maladies des chevaux* ; d'ailleurs vous avez très-bien vû que M. *Vitet* est un charlatan littéraire , qui fait un discours à volonté sur les haras , sans savoir un mot du contenu de l'ouvrage de *Zehentner*. C'est l'amplification d'un écolier sur le mot *haras* : ce pourroit être le préambule ou l'accompagnement d'un bon extrait de *Zehentner* , ou de tout autre ouvrage sur cette partie. Il est clair , au surplus , par l'identité des deux prénoms *Joseph-Christophe* , du lieu de l'impression , de la date , du format , & même de la matière , qu'il n'a pu vouloir parler que de l'ouvrage de *Zehentner* , de 1754. S'il n'en présente que la moitié du titre , ce n'est pas sa faute , on ne lui en avoit vraisemblablement pas, fourni davantage ; il ne faut pas être si exigeant de M. *Vitet* , on ne peut pas toujours lui reprocher d'avoir négligé les auteurs qu'il a pu mettre à contribution ».

Encyclopédie, ou dictionnaire raisonné des sciences, des arts & des métiers, par une société de gens de lettres, de savans & d'artistes, tome VIII, *Paris,* 1755, *in-fol.*

L'auteur de l'article *haras*, M. *Genson*, n'entre dans aucun des détails nécessaires & instructifs. Loin de décrire la forme & la manutention des haras, il fe borne à quelques réflexions ; 1°. fur les efpèces de chevaux qu'il faut néceffairement dans un état tel que la France ; 2°. fur l'obligation de recourir à l'étranger pour fuppléer à nos befoins ; 3°. fur la facilité qu'on auroit à fe paffer d'eux, fi l'on vouloit cultiver cette branche de commerce ; enfin, fur les fautes que l'on commet, au préjudice de la propagation de la bonne efpèce, foit par le mauvais choix des étalons & des jumens employés à cet ufage, foit par leur accouplement difparate, foit par la manière dont on gouverne ces animaux.

Il divife en trois claffes les chevaux dont la France a befoin : *les chevaux de monture*, ceux *de tirage*, & les *chevaux de fomme*. Les moyens qu'il propofe pour fe les procurer, fans recourir à l'étranger, font de réformer tous les étalons & jumens poulinières défectueux, de tirer des étalons d'Arabie, de Turquie, de Barbarie, & d'Andaloufie, de les placer dans nos provinces méridionales & dans le Morvan, ce qui fourniroit des chevaux de felle fins ; de mettre des étalons d'Allemagne, de Dannemarck, de Brandebourg, d'Hanovre ; de Frize, & quelques-uns d'Angleterre dans le Poitou, la Bretagne, l'Anjou, la Normandie, ce qui procureroit des chevaux de felle communs pour la cavalerie, &c. ; & de mettre dans les

Ardennes, l'Alsace, une partie de la Lorraine &
de la Champagne, des étalons tartares, hongrois,
transilvains avec des jumens du même pays, ce
qui donneroit assez de chevaux pour monter nos
dragons & nos troupes légères. La Beauce, le
Perche, le Maine & ses environs, produiroient
suffisamment de chevaux pour monter les postes,
sans y mettre ni jumens ni étalons étrangers. La
Flandre, le pays d'Artois, la Picardie, la Franche-Comté & la Brie, nous fourniroient les chevaux de Labour & de charriot, en choisissant dans
ces provinces & dans la Suisse, des étalons & des
jumens bien assortis, après avoir bien examiné si
les uns & les autres sont propres à l'usage auquel
ils seroient destinés. Cet examen se feroit sur les
vices de caractères, de constitution, de tempérament ou de force. Pour cela on monteroit
l'étalon destiné pour la selle, & l'on mettroit au
charriot celui destiné pour le trait, deux bonnes
heures au pas, au trot, au galop, de deux jours
l'un ; & lorsqu'on jugeroit le cheval en haleine on
augmenteroit la promenade par degrés, jusques à la
concurrence de dix à douze lieues ; le lendemain de
cet exercice, on le feroit trotter, pour voir s'il n'est
point boiteux, dégoûté, &c. L'épreuve seroit con-
tinuée l'espace de six mois sur toutes sortes de terreins ; par-là on verroit s'il a de la force, de l'ha-

leine, des jambes, des jarrets, une bouche, & des
yeux convenables à un bon étalon ; & si on lui
trouvoit toutes ces qualités, on lui destineroit des
jumens qui auroient subi les mêmes épreuves.

(Mais ces épreuves peuvent - elles avoir lieu ?
Quel est le propriétaire qui donnera son cheval à
éprouver pendant six mois, dans l'intervalle desquels on peut le gâter, & lui enlever pour jamais les
qualités dont il étoit pourvu. Quel nombre prodigieux de gens occupés à essayer ! quelle dépense,
ce plan de M. *Genson*, n'entraîneroit-il pas ; &
pût-il être exécuté, les résultats compenseroient-ils
les déboursés. D'ailleurs il y a impossibilité d'avoir
de bonnes productions de cette manière, puisque le
croisement des races, si nécessaire, n'auroit plus
lieu ; & en assignant à chaque espèce la province
qu'elle doit occuper, M. *Genson* a-t-il assez con-
sulté les climats ? & ses observations sont - elles
assez certaines & réitérées, pour tirer ainsi une
ligne de démarcation ? Combien d'auteurs croient
avoir tout dit, tout prévu, tout arrangé, lorsqu'ils ont indiqué de bons mâles & de bonnes femelles, pour faire souche, sans égard à la dégénération indispensable dans la succession des mêmes
individus, à l'influence des climats, des eaux, des
végétaux, des soins de l'homme sur ces mêmes individus, &c. &c.)

Cet ouvrage contient encore quelques articles relatifs à notre objet, aux mots *étalon*, *jument*, *poulain*; mais ils ne préſentent rien de particulier. Il eût été à deſirer, que M. *Bourgelat*, dont les connoiſſances dans cette partie étoient très-étendues, ſe fût occupé alors de cet article important, comme il l'a fait depuis.

L'Art de la Cavalerie, ou la manière de devenir bon écuyer, &c.; accompagné de principes certains, pour le choix des chevaux, &c.; avec des remarques curieuſes ſur les haras, &c.; par M. Gaſpard De Saunier, de ſon vivant, écuyer de l'académie de l'illuſtre univerſité de Leyde; avec fig. Amſterdam & Berlin, 1756, in-fol. —— La même édition a paru, ſous la même date, *à Paris, chez Jombert.*

Les remarques curieuſes de *Saunier*, ſont d'abord, le choix d'un étalon ſain & intact, les ſoins que les jumens exigent; les moyens de pourvoir aux beſoins d'un poulain de belle race, dont la mère vient à mourir : moyens qui conſiſtent à lui donner une autre nourrice, dont on égorge le fils, afin de frotter de ſon ſang, tout chaud, le nouveau nourriſſon qu'on veut donner à la cavale,

pour que celle-ci , en le léchant , l'adopte comme
si c'étoit le sien propre. La remarque sur les cavales qui ne retiennent pas aisément , est de les
enfermer deux fois vingt-quatre heures dans une
grange ou étable , avec un étalon , & de leur
faire donner à boire & à manger ensemble ; & si cet
expédient ne réussit pas , dit *Saunier* , elles ne retiendront jamais. Il dit avoir eu le temps de reconnoître la fausseté des observations recommandées
par ses prédécesseurs , concernant les lunaisons , &c.
Il rapporte avoir vu , au haras de Saint-Léger , une
jument pleine , rechercher l'étalon , & Louis XIV ,
qui en étoit témoin , ajoutant plus de foi aux desirs
de la jument , qu'à l'assurance que lui donnoit l'expérience consommée de M. de *Garsault* , (que
Saunier appelle *Garceau*) , capitaine général du
haras , qu'elle étoit pleine , ordonna qu'on la fît
saillir en sa présence , ce qui fut exécuté. Mais elle
avorta neuf jours après. (*De Saunier* avoit une
connoissance profonde des chevaux ; il les avoit
étudiés avec cet esprit observateur & exact , qu'apporte l'homme éclairé qui desire s'instruire d'avantage. C'est dommage que , ne comptant pas assez
sur ses forces , il ait eu quelquefois recours à celles
d'autrui : & quiconque connoît les traités du haras
de *Newcastle* & de *Garsault* , peut se dispenser
de recourir au chapitre XI de *l'in-fol.* de *Sau-*
nier ,

nier, chapitre qui eſt le ſeul concernant les haras. L'auteur avoit déjà précédemment dit, deux mots en paſſant ſur cet objet, dans ſon ouvrage intitulé, *les vrais principes de la cavalerie*, Amſterdam, 1749, *in-*12. page 56 & ſuivantes.

---

*Le Gentilhomme maréchal, tiré de l'anglois, de M. Jean Bartlet, chirurgien, &c. , par M. Dupuy d'Emportes, Paris, Jombert, 1756, in-*12. *ſig. —— Suite du Gentilhomme maréchal, tiré de l'anglois, de M. Jean Bartlet, contenant les moyens de conſerver la ſanté des chevaux, les précautions qu'il faut prendre dans leur éducation , d'après les meilleurs auteurs, &c., par M. Dupuy d'Emportes ; Paris , Jombert, 1757 , in-*12.

L'original a eu beaucoup d'éditions en Angleterre. La traduction n'a eu que celle-ci en France, bien que M. *Vitet*, & d'autres après lui, la datent de 1766 ; & ce ſera vraiſemblablement la dernière.

C'eſt dans le chapitre premier du ſecond volume, qu'on trouve la *manière d'élever & de former des poulains*. *Bartlet* conſeille de nourrir la jument, avec de la paille, de l'orge, peu de foin & d'a-

S

voine, & de l'envoyer fur-tout en terrein fec, afin que fon lait foit nourriffant fans être pefant & butireux, défauts qui rendroient le poulain pefant & maffif; de féparer, au bout de trois ou quatre mois, la jument d'avec les chevaux entiers, parce que leur préfence la met en chaleur, échauffe & aigrit le lait; (ce confeil eft inutile, la jument ne doit, dans aucun cas, refter avec les étalons); d'éviter avec foin les terreins humides, & même la rofée, parce que la corne des pieds des poulains s'abreuve d'humidité, devient molle, conferve conftamment ce vice, & ne tient que difficilement la ferrure. Il veut que l'on frotte le bout du pis de la jument avant de l'envoyer au pâturage, avec de l'eau, où l'on aura mis infufer de la coloquinte ou de l'abfinthe; par ce moyen, on empêchera le poulain de teter, & on le forcera à manger les extrémités de l'herbe, ce qui le fera mieux porter, & lorfque la jument rentrera, on lui lavera le pis avec du lait, afin que fon petit puiffe alors teter, méthode qui lui a toujours bien réuffi. (Je ne vois pas quel peut en être le fuccès : à l'âge de trois mois les poulains n'ont pas encore l'eftomac affez fort pour digérer l'herbe; & le lait qu'ils boivent enfuite avec avidité, & en abondance, peut leur caufer des indigeftions funeftes, &c.)

Bartlet veut, contre le fentiment de tous les

auteurs de cavalerie, qu'on étrille avec une forte brosse, les poulains, depuis l'âge de six mois. Il dit, qu'au moyen de cette attention, il a toujours eu des chevaux dont le poil étoit plus court & plus luisant que celui des chevaux de ses amis. Ce chapitre est terminé par l'indication d'une méthode employée par l'auteur pour bien faire porter les oreilles aux poulains qui les laissent tomber sur le côté. Méthode qui consiste à les rapprocher au moyen d'étuis de cuir, en forme d'oreillons, maintenus par des agraffes, & par une couroie que l'on fait passer sous la ganache, observant de percer de distance en distance les oreillons, pour ne point altérer l'ouie du poulain.

L'Agronome, *Dictionnaire portatif du cultivateur*, *&c.*, *Paris*, 1760, 2 vol. petit in-8º.

La plupart de ces compilations, faites dans le silence du cabinet, & par des hommes auxquels les objets qu'ils traitent sont absolument étrangers, n'ont souvent d'autre but que l'intérêt du libraire qui les commande. Tant mieux pour les lecteurs, si le manufacturier prend ses matériaux dans de bonnes sources, qu'il n'est quelquefois pas à même de connoître & de discerner. On ne fera pas ce reproche à M. *Alletz*, auteur de l'*Agronome*, eu égard aux articles de vétérinaire qu'il y a inféré ; il paroît en général avoir confulté les meilleurs auteurs, & fur-tout de la *Gueriniére & de Garfault*. Son article *haras*, quoique court, eft à quelques exceptions près, compofé de préceptes qu'on ne fauroit trop répéter pour l'avantage de l'efpèce.

L'étalon ne doit faillir qu'à fix ans, & être réformé à quinze. Il peut couvrir quinze ou dix-huit cavales ; on le nourrira avec foin, on ne le fera point courir ni travailler pendant la monte, on fe contentera de le promener. Les cavales peuvent être faillies à trois ans ; (le temps eft trop précoce). Il ne faut pas les faire travailler immédiatement après avoir été couvertes, mais les laiffer repofer quelques jours.... Dès qu'elles auront pouliné, on leur donnera pour breuvage, de l'eau blanche, dans laquelle on aura fait diffoudre un peu de fel marin ; on continuera ce régime foir & matin pendant quelques jours. (Cette méthode eft de beaucoup préférable à celle des breuvages faits avec le vin, les aromates, & autres échauffans, qu'on prodigue toujours en pareil cas). On les mettra enfuite dans de bons pâturages, & on ne les fera point travailler avant un mois.

Lorfqu'on fevrera les poulains, on les laiffera dans une écuite garnie d'une bonne litière fans les at-

tacher ; lorfqu'on commencera à leur donner l'a-
voine, on aura foin de la faire concaffer. . . . . . .
Lorfqu'ils feront en âge d'être dreffés , on s'y prendra peu-à-peu avec douceur ; on ne les exercera
que de deux jours l'un ; on ne les pouffera point
dans ces commencemens , & le travail fera toujours proportionné à leur âge & à leur force.

---

*Le Gentilhomme cultivateur , ou corps complet
d'Agriculture, traduit de l'anglois de M. Hal,
&c., par M. Dupuy d'Emportes , Paris &
Bordeaux , 1761 à 1764, 8 vol. in-4º. , ou
16 vol. in-12. avec fig.*

L'extrait de ce qu'on trouve dans *Newcaflle* &
dans *Garfault*, mis fous un point de vue extrêmement raffemblé, compofe le fond des chapitres 53 & 54 de la première partie du cinquième
livre du *Gentilhomme cultivateur* , chapitres dont
l'un a pour titre, *de la génération des chevaux*,
& l'autre, *de la façon de fevrer les poulains.*

Le cheval turc & le genet d'Efpagne font, felon
notre auteur, les meilleurs étalons pour la guerre ;
le cheval barbe pour le carroffe ; le barbe bâtard,
qui vient d'une jument anglaife , pour la chaffe, le
cheval flamand, pour le carroffe, & l'anglois & le

normand, pour tirer & porter. Il conseille de laisser teter le poulain toute l'année, parce qu'il sera plus fort, & d'une santé plus assurée qu'un poulain sevré aux approches de l'hiver, quelque soin qu'on puisse lui donner. (L'expérience prouve bien le contraire).

L'auteur, dans le chapitre deuxième de la seconde partie de ce cinquième livre, intitulé *de la manière de dompter les chevaux*, détaille fort au long les préceptes à suivre, pour accoutumer peu-à-peu les poulains au travail : comme ils n'ont acquis leur force qu'à six ou sept ans, il faut les ménager jusques à cette époque, l'attente n'est pas perdue, ils servent beaucoup plus long-temps. On ne commencera à les dresser qu'à trois ans, une heure d'exercice par jour suffira alors, on l'augmentera successivement les années suivantes ; on les promènera d'abord à la main & au pas, on les trottera & on les montera ensuite, ou on les fera porter ou tirer, suivant l'emploi auquel on les destine ; on aura toujours l'attention de les mettre en la compagnie de chevaux déjà dressés, on emploiera beaucoup de douceur, &c.

Dictionnaire domestique portatif, contenant toutes les connoissances relatives à l'économie domestique & rurale, &c., par une société de gens de lettres ; Paris, Vincent, 1762 à 1764, 3 volumes in-8°.

Les articles répandus dans ce dictionnaire, qui sont relatifs à l'éducation des chevaux, à leur multiplication, à la nourriture qui leur convient le mieux, aux maladies auxquels ils sont sujets, au traitement qu'elles exigent, sont extraits de *l'école de cavalerie de la Guerinière*, du *nouveau parfait maréchal de Garsault*, de *l'hippiatrique de Bourgelat*, quelques-uns du *parfait maréchal de Solleysel*, & de *l'Encyclopédie*.

Cette compilation est aussi-bien faite que peut l'être un ouvrage de cette nature ; mais l'ordre alphabétique ne pouvant offrir que des observations tronquées, isolées, & des préceptes épars, tout ce qui a rapport à la génération & à la multiplication des chevaux, ne sauroit suffire aux amateurs.

J'ai remarqué dans ce dictionnaire, comme dans beaucoup d'autres, que l'on indique quelquefois des mots qui ne s'y trouvent pas. *La monte*, par exemple , à laquelle on renvoie , page 351 du premier volume, a été oubliée. Tel eft le fort in-difpenfable des ouvrages qui exigent le concours de plufieurs ouvriers , ils ne font jamais achevés.

Médecine des chevaux , à l'ufage des laboureurs , tirée des écrits des meilleurs auteurs , &c. , Paris , Hériffant 1763 , in-12. fig.

S'il n'eft point d'animal plus affujetti que le cheval aux inconvéniens qu'entraîne la domefti-cité , il n'en eft point non plus fur la confervation duquel on ait plus écrit. Il ne paroît donc pas dif-ficile , à quiconque n'a ni théorie ni pratique , mais qui a de la patience & du temps , de publier *une médecine des chevaux. MM. Bourgelat, la Foffe , Ronden , de la Guerinière , Bartlet , &c. ,* ont fourni à l'auteur de cet ouvrage , qu'on affure être M. de *Chalette,* tous fes matériaux ; mais ce col-lecteur a eu , contre l'ufage de fes confrères , l'art de dépouiller la matière qu'il traitoit, de ce qu'il y avoit de trop favant pour ceux en faveur def-quels il a écrit. On trouve dans fon ouvrage , outre la connoiffance des maladies des chevaux , & leurs remèdes , la manière dont on doit gou-verner ces animaux en état de fanté , celle de diftinguer leurs défectuosités , & leurs constructions ; relativement à leurs usages ; on y trouve aussi , page 29 , un petit traité intitulé *de la génération & de l'éducation des chevaux , ou du haras.* Les moyens de l'auteur sont ceux indiqués par *De Gar-sault* , & par l'éloquent auteur de *l'histoire naturelle.* Il est cependant un précepte qui paroît appartenir à M. *De Chalette.* « Un étalon , dit-il , » doit être plus grand & plus fort que les jumens , » cependant assez léger pour qu'elles puissent le » porter ». (Mais si la jument n'est pas proportionnée à l'étalon , le poulain ne pourra ni croître ni s'étoffer suffisamment pendant la gestation , ou bien par la grosseur de son volume , il donnera lieu à un part difficile , pourra occasionner la mort de la mère , ou souffrira dans le passage , de manière à devenir un animal foible , chétif & absolument manqué.)

Dictionnaire portatif des arts & métiers , contenant, en abrégé, l'histoire, la description & la police des arts & métiers , Paris , Lacombe , 1766 , 2 vol. in-8°.

A quelque prix que ce soit , les collecteurs veulent s'occuper des détails relatifs au cheval , ils çroient rendre leur ouvrage recommandable, en répétant servilement tout ce qui a été écrit sur cet objet. MM. *De Buffon*, *de la Guerinière* & *Bourgelat*, sont toujours les principales sources où ils puisent. L'auteur du *Dictionnaire portatif des arts & métiers*, n'a pas manqué de les copier ; il reconnoît même dans sa préface, que les deux derniers ont été ses guides. C'est à l'article *marchand de chevaux*, qu'il parle de l'établissement & de l'entretien du haras, de la connoissance de l'âge, de la qualité des chevaux, & à celui du manége ; de l'art de dresser ces superbes animaux, si utiles, soit pour soulager l'homme dans ses travaux, soit pour servir à ses plaisirs. L'extrait est assez bien digéré, & quoiqu'il ne renferme pas tous les preceptes nécessaires à quiconque veut établir un haras, il ne contient rien d'inutile.

Ce dictionnaire a été réimprimé en 1773, chez Didot jeune, *in-8°.*, 5 vol. avec fig. M. l'abbé *Jaubert* est le rédacteur de cette nouvelle édition, qui, comme la première, n'est toujours qu'un extrait imparfait de chacun des objets traités.

Mémoire sur les causes du dépérissement des chevaux normands, & sur les moyens d'y remédier, par MM. de la société d'agriculture d'Alençon. —— Journal d'agriculture, Juillet 1756.

Les causes du dépérissement des races, doivent être attribuées, selon les auteurs de ce mémoire, aux abus qui se sont introduits dans les *haras*, à l'avarice des gardes étalons, au peu de soins que prennent les différentes personnes employées dans les haras, de faire faire le service, & de faire observer les ordonnances ; au droit de monte que le cultivateur est obligé de payer. Celle à laquelle ils attribuent la diminution de l'espèce, est l'établissement du haras du roi, où le paysan va faire couvrir sa jument, dans l'espoir d'avoir des chevaux de prix, & où son espérance est toujours trompée, soit par l'excès de jeunesse, ou d'âge des étalons. On demande dans ce mémoire, de constater, par de nouvelles expériences, s'il est aussi avantageux qu'on l'a cru jusques ici, de croiser les races, & si l'on n'a point été induit en erreur, par la beauté & la bonté des chevaux étrangers, venus d'un climat

qui n'a aucune affinité avec celui de Normandie ;
de faire les observations les plus précisés, pour
s'assurer laquelle de ces espèces de chevaux est la
plus propre à produire une belle race avec les cavales normandes , sous le climat de Normandie.
On y fait voir l'importance de faire choix d'infpecteurs, qui joignent la probité la plus intègre aux
talens nécessaires pour cette partie ; l'importance
d'abolir le droit du faut , & de le faire faire *gratis* ;
celle de donner une gratification proportionnelle à
ceux qui auroient les plus beaux étalons ; de ne
pas souffrir qu'ils fissent le service avant quatre ans ;
& de forcer les nourriciers à faire couper tous les
chevaux qui ne donnent aucune espérance.

(Les réflexions que je me permettrai de faire sur
ce mémoire, sont 1°. que le croisement des races est
reconnu pour le point fondamental de la prospérité
des haras ; parce qu'on ne parvient à les améliorer & à
affoiblir les vices, qu'en les mêlant avec les qualités
qui leur sont opposées. Tout ce qui est entre les mains
de l'homme , tend malheureusement à s'abâtardir ,
la seule nature conserve ses ouvrages dans la perfection primitive. Quelques parfaits que soient les
chevaux par lesquels une race a commencé, on la
verra , après quelques générations , devenir semblable à celle du pays où elle se trouve, si c'est

d'elle-même qu'on a toujours tiré les individus qui ont servi à la perpétuer. Pour avoir de bon grain & de belles fleurs, il faut en changer les graines & ne jamais les semer dans le même terrein qui les a produites ; de même pour avoir de beaux chevaux, de beaux chiens, &c. il faut croiser les femelles nationales avec des mâles étrangers ; & si les résultats des étalons étrangers & des jumens normandes n'ont pas été bons, c'est que les chevaux tirés des climats éloignés se sont rarement rencontrés de tempérament & de configuration conformes à ceux des femelles auxquelles on les a joints, parce qu'on a pas mis assez de lumières & de connoissances dans les appariemens ; de-là, ou défaut de conception dans les cavales, ou les poulains qui en sortent, sont décousus, foibles & mal constitués.

2°. Je pense encore que les auteurs du mémoire se trompent en regardant l'inexécution du réglement comme motif d'une partie des abus qui se sont glissés dans les haras, & qu'ils n'ont pas assez réfléchi sur les entraves & la gêne que ce réglement apporte dans la propagation & l'amélioration des chevaux. On a vu, page 250, ce que j'en pense ; mon sentiment à cet égard est d'accord avec l'expérience, & conforme à celui de tous ceux qui ont mûrement réfléchi fur ce réglement, & en ont obfervé & fuivi les effets ; prefque tous les auteurs l'ont regardé comme une des plus grandes caufes du dépériffement de nos haras. Quant aux précautions à prendre pour s'affurer de la probité & de la capacité des infpecteurs , & empêcher que ces places ne foient données à la recommandation & à la faveur, je n'entrevois pas de meilleur moyen que celui du concours , ainfi que je l'ai propofé , pag. 29. 3°. MM. de la fociété me permettront de ne pas me prêter à l'ordonnance de couper tous les chevaux médiocres ; en ce que , 1°. cela attaque la liberté & le droit de propriété des citoyens ; 2°. en ce que , plus un cheval eft médiocre , plus il a befoin de conferver le peu de forces & de vigueur que la nature lui a départi , & que c'eft l'anéantir , que de le mutiler par la plus cruelle & la plus vicieufe des opérations ; 3°. parce que , pour avoir de beaux chevaux , il eft fort inutile d'empêcher la production des chevaux médiocres , efpèce dans ce moment néceffaire , mais qui difparoîtra entièrement dès que la propagation des belles efpèces fera encouragée & établie).

Mémoire sur les haras de Normandie, inséré,
Tome II, page 250, des *délibérations & mémoires de la société royale d'Agriculture de la
généralité de Rouen. Rouen, chez R. l'Allemant,
1767, in-8°. avec fig.*

Ce mémoire, sans nom d'auteur, est divisé en
23 articles, sur deux colonnes, par demandes &
par réponses. On y observe que les meilleurs
étalons, pour les chevaux de carrosse, qu'on tire
de Normandie, sont ceux du Cottentin, parce
qu'ils sont plus forts, plus nerveux que tous les
chevaux des pays étrangers, & qu'ils ont, sur
tous les autres chevaux de l'Europe, l'avantage
de ne jamais se déformer quand ils sont de vraie
race. A l'égard des étalons pour les chevaux de
selle, ceux d'Espagne, qu'on appelle race *de
padre*, dont les Espagnols tirent eux-mêmes leurs
étalons ; ceux de Pologne, les transilvains, les
normands & les limousins sont ceux qui fournissent
les plus beaux chevaux d'officiers ; & les étalons
arabes, ceux qui en font de plus beaux pour la
chasse. A l'égard des jumens destinées pour produire des chevaux de carrosse & de troupe, celles
du Cottentin & du pays d'Auge sont les meilleurs ;

celles que l'on tire de l'étranger ne font pas auffi bonnes, excepté les danoifes. Quant aux autres obfervations, qui font dans le mémoire, elles fe trouvent dans *Newcaftle*, *de Garfault*, *de la Gueriniere*, & autres qui ont écrit fur les haras.

Dictionnaire économique, &c., *ouvrage compofé originairement par Noel Chomel, curé de faint Vincent, à Lyon, nouvelle édition, entièrement corrigée & trés - confidérablement augmentée, par M. de la Marre, Paris, 1767, 3 vol. in-fol. avec fig.*

Cet ouvrage a joui d'une très-grande réputation depuis fa naiffance, en 1709, il en a paru fucceffivement un grand nombre d'éditions françoifes, & il a été traduit en anglois, en hollandois & en allemand; l'édition donnée par M. *de la Marre* eft la plus eftimée, quoiqu'elle contienne encore une foule d'articles, dont la fuppreffion ne pourroit qu'enrichir l'ouvrage.

Article *haras.* —— L'étalon doit être de bon poil, vigoureux & docile, ne faillir qu'à fix ans & ceffer à quinze; être purgé quinze jours avant la monte, & quinze jours après, parce qu'il en fera sera plus vigoureux , durera davantage , & les poulains en seront aussi plus beaux (L'autorité des anciens auteurs, qui recommandent ce moyen , devoit-elle paroître suffisante à *Chomel* & à M. *de la Marre*, son éditeur pour les déterminer à l'admettre. Faute d'observer, de réfléchir & de consulter l'expérience, on répète & on perpétue des erreurs. Jamais les purgatifs n'ont été si mal indiqués que dans cette circonstance ; avant la monte , l'étalon a besoin de toutes ses forces, après il faut les réparer; & le foie d'antimoine seulement , que *Chomel* recommande , ne fît-il qu'exciter une transpiration plus abondante , affoibliroit d'autant plus l'animal). Les cavales seront à-peu-près de la taille & de l'encolure de l'étalon : elles auront l'œil éveillé , seront âgées de quatre ans , & porteront jusques à dix ou quinze ; mais elles ne doivent porter que de deux en deux ans ; rester huit jours en repos dans de bons pâturages avant d'être conduites à l'étalon , après quoi on les fera saillir une ou deux fois le même jour ; on les reconduira ensuite dans la pâture, où on les laissera pendant quatre jours. (Cette pratique est sage , ainsi que les autres ménagemens que l'auteur recommande , tant pour les cavales pleines que pour les poulains ; il est à désirer que les nourriciers les observent ; ils en seront bien récompensés par la durée des mères, & la beauté & la bonté des élèves).

T

Essai sur les haras, ou examen méthodique des moyens propres pour rétablir, diriger & faire prospérer les haras, &c. à Turin, chez les frères Reycends, 1769 ; in-4°. de 165 pages, tout compris, avec fig.

Cet essai est divisé en onze articles ; dans le premier, l'auteur examine si l'établissement des haras est avantageux à l'état, & il conclut pour l'affirmative ; dans le deuxième, si l'on peut élever des chevaux dans toutes sortes de pays ; il s'occupe de l'établissement des haras dans un état qui en est entièrement dépourvu ; de l'achat des jumens & de leur distribution ; le troisième roule sur les moyens de faciliter & d'encourager les haras ; le quatrième, sur le choix des jumens & leur entretien ; le cinquième traite des signes de la plénitude, il regarde avec M. *De Garsault*, le mouvement du poulain comme le plus certain ; mais il ajoute qu'avant le sixième mois il est facile de s'y tromper , & qu'on peut le confondre avec l'agitation du flanc, ou le battement du cœur ; (ce qui ne prouve pas de grandes lumières en anatomie de la part de l'auteur ; quelques-uns des signes qu'il rapporte sont très-équivo-

ques, & il en eft un puérile, qui confifte à faire
femblant de donner un coup de bâton le long des
côtes de la jument ; fi elle eft pleine, elle couchera
les oreilles, & montrera les dents comme pour
mordre ; fi elle ne l'eft pas, elle ne bougera pas,
ou elle bougera. Il eft bien des étalons & des chevaux hongres, qui en pareille circonftance, pa-
roîtroient prêts à mettre bas). Le fixième traite du
part, de l'avortement & du foin à avoir des cavales dans tous ces cas. Le feptième, des poulains,
du temps de les fevrer, de les hongrer, de les
ferrer, leur nourriture & leur entretien jufques à
trois ans ; le huitième, de la manière de fe pourvoir
d'étalons, & leur diftribution ; le neuvième, du
choix & de l'achat des étalons ; le dixième, des
pays qui fourniffent les meilleurs. (Ces trois chapitres ne devroient en faire qu'un ; le choix &
l'achat doivent d'ailleurs précéder la diftribution).
Le onzième enfin, traite de la monte & de l'affortiment des étalons & des jumens. On trouve,
après ces onze articles, trois traités, l'un *de la
connoiffance extérieure du cheval, avec un examen
analytique de toutes les fourberies des maquignons* ; le deuxième, *de la méchanique du mors,
ou l'art d'emboîter les chevaux* ; & le troifième, *obfervations néceffaires fur les préjugés,
les abus & l'ignorance de la maréchallerie* ; vient

T 2

après un traité *des haras particuliers* , formant l'article douzième ; enfin l'ouvrage est terminé par les détails *du gouvernement économique d'une écurie.*

L'auteur , M. le comte *De Brezé* , a rassemblé dans cet ouvrage , ce que MM. *de Newcastle* , *de Solleyfel* , *de Garfault* , & *de Buffon* , ont écrit sur les haras ; il partage l'opinion de ces quatre auteurs sur la monte en liberté , & cherche à la réunir par un moyen très-dispendieux , & souvent impraticable ; il veut que l'on mette toutes les jumens en chaleur dans un parc , qu'on y lâche un étalon , & lorsqu'il aura couvert une de ces jumens , on les retirera l'un & l'autre , pour substituer un nouvel étalon , & ainsi de suite , jusqu'à ce que toutes les jumens soient couvertes , ou plutôt jusqu'à ce que l'on n'ait plus d'étalons , ce qui suppose un nombre considérable de ceux-ci rassemblés dans un même lieu. Il rejette , contre l'opinion générale , & contre une expérience fondée sur des observations constantes , les chevaux turcs & barbes pour étalons , & il leur préfère ceux de Dannemarck , d'Angleterre , d'Allemagne & de Frize. M. le comte *De Brezé* blâme aussi la méthode de couper les crins aux poulains , dans la vue de les rendre plus forts & plus touffus , sous prétexte que cette surabondance de crins se fait au dépens de

la croissance ou de la force du sujet ; & que les
chevaux qui ont la queue la plus touffue & la crinière la plus épaisse, sont toujours les plus flasques
& les plus mous. (Ce préjugé étoit anciennement
reçu en Auvergne, mais il ne s'y accrédita, &
n'y fut sans doute accueilli, que parce qu'il dis-
pensoit des soins, & favorisoit la paresse. Quoiqu'en dise l'auteur, l'observation journalière démontre que les hommes qui rasent leurs barbes,
n'en sont pas moins vigoureux que ceux qui la
portent, & que l'opération de couper les cheveux
aux enfans, n'influe aucunement sur leur tempérament, & n'affoiblit en aucune façon leurs forces). Il ne veut point, avec raison, que l'on
excite les étalons au saut avec des alimens échauffans,
qui ne peuvent qu'épaissir le sang ; mais il conseille
après la monte, de les rafraîchir, & de leur donner ensuite l'antimoine, pour rendre à leur sang sa
fluidité. (Ce qui prouve le peu de connoissances
de l'auteur en matière médicale : jamais l'antimoine & ses préparations, n'ont été envisagés
comme rafraîchissans que par ceux qui ignorent
les principes constitutifs de ce minéral). Enfin il
répète, d'après *Solleysel*, ce qui a été répété mille
fois depuis *Aristote*, que les eaux stagnantes sont
les meilleures pour la boisson des chevaux.

L'ordre & le style ne brillent pas dans cet ouvrage, à en juger par l'expofé des chapitres & des matières ; & femblable à beaucoup de ceux que j'ai déja analyfés, il contient peu de bonnes chofes, confondues dans un fatras d'inutilités, d'erreurs & de répétitions ; il jouit cependant d'une certaine confidération en Italie. Il fut imprimé la même année *in-8°*., chez les mêmes libraires ; & l'année fuivante *in-12*., fous ce titre : *Saggio fopra le razze con alcuni altri utili trattati in materia di cavalli ; tradotti dal francefe, e pubblicati a profitto dé poveri carcerati. Torino, per Gaspard Bayno*, 336 pages. Quelque foit le mérite de l'ouvrage, cette traduction fait honneur aux fentimens des éditeurs, puifqu'elle eft confacrée au foulagement des prifonniers.

Mémoire fur le fervice des haras, dans le baillage de Dôle, en Franche-Comté, inféré dans les *Ephémérides du Citoyen*, T. 5, année 1770.

Ce mémoire excellent & riche de faits curieux, apprend qu'il y avoit dans le baillage deux efpèces de fervices, l'ancien & le nouveau ; celui-ci fe faifoit par entreprife, l'autre par des étalons diftribués en divers cantons. Dans le nouveau régime, l'entrepreneur recevoit cent livres de penfion de chaque canton , & trois livres dix fols de chaque particulier , pour chaque jument faillie , ce qui caufoit des abus, que l'auteur du mémoire développe avec la plus grande fagacité , & contre lefquels il s'élève avec force & avec raifon. Après avoir fait le détail de ces abus , après avoir prouvé qu'ils font inhérents au fervice , & après avoir démontré que depuis l'établiffement de ce nouveau régime , le nombre & la qualité des chevaux ont confidérablement diminué ; il compare le produit des lieux affujettis à l'ancien fervice avec celui des lieux qui jouiffent de la liberté , & cette comparaifon montre que le nombre de jumens & de poulains n'a pas diminué , & que la race n'a point dégénéré dans les cantons exempts de réglemens , de gardes - étalons, & de tous les inconvéniens qui marchent à leur fuite. L'auteur conclut par demander le retour de la liberté , & la fuppreffion de l'ancien fervice , comme moyens d'avoir de belles jumens & de beaux étalons de toutes efpèces en Franche-Comté.

Nota. Je crois ce mémoire de M. le marquis de *Montrichard.*

T 4

Mémoire fur les haras , par M. L. B. D. C. (le Boucher du Crofco , de l'académie royale d'agriculture de Bretagne) première partie , Utrecht , 1770 , in-8° de 144 pag. en tout.

Lacombe , libraire , rue Chriftine , à Paris , fupprima le titre de 1770 , & en fit imprimer un nouveau fous la date de 1771 , dans lequel le nom & les qualités de l'auteur font énoncés tels que je les ai rapportés ; il fupprima auffi l'annonce d'une première partie. Cet ouvrage eft dédié à M. le duc de Duras, commandant de la Bretagne.

Regardant avec raifon la perfection des races , comme un objet de la plus grande importance , & digne d'occuper l'attention des états de la province de Bretagne , fa patrie , & animé du defir de contribuer à tout ce qui peut être relatif au bien être de cette province , M. *du Crofco* a écrit fur les haras , pour infpirer aux états le defir d'en établir de fixes , comme étant le feul moyen certain , ftable , de durée , & abfolument néceffaire dans tous les pays , pour former des races d'un ordre fupérieur. Son mémoire porte non-feulement l'empreinte du zèle , mais encore le fceau d'une connoiffance profonde dans cette partie.

Après avoir jetté un coup-d'œil sur l'administration des haras de la Bretagne, en avoir montré
les vices, & développé les abus, l'auteur propose un plan propre à assurer à sa province un
commerce qui n'y est qu'apperçu & précaire. Les
moyens qu'il desire qu'on substitue à ceux qui existent, sont bien faits pour instruire le paysan, détruire ses préjugés, encourager l'éducation des
beaux chevaux, & produire la perfection des races. Parmi ces moyens, il en est un que je regarde,
avec M. *du Crosco*, comme produisant le plus
grand effet. C'est de donner une gratification pé-
cuniaire au propriétaire du poulain qui sera reconnu & jugé être le plus beau & le meilleur. Mais
comment être impartial dans le jugement ? comment n'être pas sujet à l'erreur ? l'inspection est
souvent fautive. M. *du Crosco* demande donc qu'on
établisse dans sa province des *courses*, à l'instar
de celles d'Angleterre, & que ce soit le cheval
vainqueur qui obtienne la gratification. Il est bien
certain, malgré tout ce que promet la belle configuration d'un cheval, qu'on ne peut véritablement
décider de ses qualités qu'à l'essai, & il n'y en a
pas de meilleur, ni de plus infaillible que les courses
publiques. L'auteur le démontre d'une manière si
invincible, que j'exhorte les amateurs & les curieux à lire son ouvrage. Il eût été bien à desirer

que la deuxième partie de ce mémoire eût été également publiée. La perte malheureuse & prématurée
de M. *le Boucher du Crosco*, en a privé le public,
& doit laisser de vifs regrets à tous ceux qui s'in-
téressent au rétablissement & aux progrès des haras
en France.

———————

*Dictionnaire vétérinaire & des animaux domesti-
ques, contenant leurs mœurs, leurs caractères,
leurs descriptions anatomiques, la manière de
les nourrir, de les élever & de les gouverner, &c., &c., par M. Buc'hoz, médecin,
&c., &c., Paris, 1770 ——— 1775, 6 vol.
in-8°. avec fig.*

Voilà encore une immense compilation, décorée
d'un titre fait pour être placé à la tête d'un bon
ouvrage, & qui, devant celui-ci, n'est qu'une
affiche faite pour éblouir le public, & non pour
l'instruire.

M. *Buc'hoz* est un de ces auteurs féconds, dont
son siècle & les siècles futurs auroient droit de s'é-
tonner, si cette prétendue fécondité n'étoit juste-
ment appréciée par tous les littérateurs instruits,
& si quelques-uns en particulier ne prenoient
la peine de faire connoître de temps en temps,

l'une ou l'autre de ſes productions, comme elles
méritent de l'être. M. *Huzard* eſt un de ceux qui
a bien voulu s'occuper d'analyſer quelques écrits
de M. *Buc'hoz*, ſur l'art vétérinaire ; il l'a juſtement comparé à *Liger*, dont j'ai dit deux mots,
pag. 247 ; je ne répéterai pas ici ce qu'en dit M. Huzard (1) : il le fait parfaitement connoître. Je
me contenterai d'indiquer brièvement ce qui eſt
relatif à mon objet dans le *dictionnaire vétérinaire*, dont les premiers volumes ont été réimprimés
en 1775, & dont on a tiré, dit l'auteur, trois
mille exemplaires.

Dans le premier volume, au mot *cheval*, après
avoir donné la deſcription anatomique de cet animal, d'après M. *Bourgelat*, M. *Buc'hoz* parle de
la manière & des moyens de le multiplier. Ce que
MM. *de Garſault* & *de Buffon* ont dit ſur les haras, étoit trop long à raſſembler & à copier, il
a trouvé dans *l'eſſai ſur les haras*, dont l'auteur
lui a paru avoir traité cette matière *ex profeſſo*,
ſa tâche toute remplie ; & il a cru ne pouvoir
mieux faire, que de donner l'extrait de cet ouvrage ; extrait fait ſans goût & ſans méthode,

---

(1) Voyez dans le *Journal de Médecine* de Sept. 1785,
tom. 65, pag. 137 ; la notice du prem. vol. de *la Médecine
des Animaux Domeſtiques de M. Buc'hoz*, &c.

comme la plupart de ſes productions. Selon M. *Bu-c'hoz*, on peut faire ſaillir indiſtinctement dans tous les mois de l'année les jumens éparſes chez les différens particuliers. (Ainſi, ſans égard pour les qualités de l'eſpèce, & en ſuivant les conſeils du compilateur, on auroit des poulains, qui venant au monde dans le mois de ſeptembre, ſeroient dévorés par les mouches, & n'acquereroient point aſſez de force pour ſupporter les rigueurs de l'hiver. D'ail-leurs l'expérience ne montre-t-elle pas que les pro-ductions qui ſont retardées après la belle ſaiſon, ſont toujours chétives & miſérables ?) Quant aux obſervations ſur la monte des haras en règle, M. *Buc'hoz* dit qu'il en parlera plus particulière-ment au mot *haras* ; mais loin de tenir ſa pro-meſſe, cet article ne renferme que l'analyſe du *mémoire ſur les haras de M. le Boucher du Croſco*, que M. *Buc'hoz* a copié dans le *Journal des ſçavans*. Saigner les jeunes chevaux lorſque leurs dents tombent, ou pendant qu'ils ſont au verd ; purger ceux qui ont les jambes enflées, & ceux qui ſont fatigués, parce qu'ils ne guériſſent que par les purgations, tel eſt le régime preſcrit par ce doc-teur. En parlant des différentes ſortes de poils, il diſtingue le rouhan, en rouhan vineux, & en *ca-nellé de mer*. (*Le canellé de mer* eſt une couleur juſques ici inconnue aux écuyers, & dont nous fommes redevables au génie de M. *Buc'hoz*, ou plutôt à fon exactitude fcrupuleufe à copier, il faut lire *caveffe de more*. Il en eft de même du poil qu'il appelle *aube* ou *fleur de perle*, au lieu d'*auber* ou *fleur de pêcher*. Ce ne peut être ici une faute typographique, puifqu'elle fe trouve à la nouvelle édition comme à l'ancienne, & qu'il l'a reporté dans fon *traité économique & phyfique du gros & menu bétail*, imprimé en 1778, tome premier, pages 267 & 268, où il répète mot à mot ce qu'il dit des haras dans fon *dictionnaire vétérinaire*. Tout ce qui concerne le cheval, dans ce dictionnaire, eft plein de contradictions & de bévues, telles qu'elles fe trouvoient fucceffivement, dans les auteurs que M. *Buc'hoz* copioit fans difcernement & fans choix).

Projet pour rétablir les différentes efpèces de chevaux, & en augmenter le nombre dans le royaume, 1771, in-12 de 69 pages & deux feuillets pour le titre & l'avertiffement.

1. Cet ouvrage, fans nom d'auteur, d'imprimeur, ni de lieu de l'impreffion, eft cependant bien digne d'être avoué & connu. L'auteur, quel qu'il foit, y expofe les caufes de la décadence de nos haras,

l'infuffifance des effais que l'on a tentés pour les remonter ; & indique les moyens qu'il juge les meilleurs pour les rétablir d'une manière avantageufe, qui fe foutienne d'elle-même, & par fa propre forme.

Il accufe cinq caufes du dépériffement de la quantité & de la qualité des chevaux. La première & la feconde, font les achats multipliés de chevaux étrangers, \ & le dégoût que tous les citoyens de toutes les claffes ont eu pour les chevaux nationaux. La troifième, eft la grande quantité de jumens qu'on enlève à la propagation, par le travail continuel néceffité par les voitures, que le commerce exige qu'on entretienne. La quatrième, vient du peu de foin qu'on apporte à l'éducation des poulains, des abus introduits par la cupidité des gardes-étalons, & par la négligence & la tolérance des infpecteurs. La cinquième enfin, a encore fon origine dans la négligence des infpecteurs & des gardes-étalons, ceux-ci en fourniffant des chevaux dépourvus des qualités & de l'âge néceffaires, & les premiers, en fermant les yeux fur ces abus.

Après avoir montré les défauts des effais que l'on a faits pour remédier aux fuites malheureufes de tous ces abus, l'auteur indique les reffources qu'on peut mettre en ufage, pour affurer le rétabliſſement de l'eſpèce. Il eſt queſtion dans ſon plan de choiſir les terreins les plus avantageux aux chevaux, d'avoir toujours des étalons diſtingués, de trouver de belles jumens, pour commencer & perpetuer de belles races; de placer ces chevaux chez les particuliers les plus en état de les bien nourrir, préférant les plus riches, ceux qui paient le plus d'impoſitions pour nourrir les jumens. Le roi fera l'avance de l'achat des jumens, & les particuliers ne les paieront que lorſqu'elles leur feront remiſes; de les marquer toutes, & de remettre avec elles, à chaque particulier, un brevet de garde, qui accompagnera la jument en quelque main qu'elle paſſe, juſques à ce qu'elle ſoit réformée. Ce brevet contiendra ſon ſignalement, & l'eſſentiel de ce que le particulier aura à faire; d'indiquer une foire dans la ville principale de chaque bailliage, où tous les particuliers enregiſtrés, qui auront des chevaux ou des jumens de trois ans faits, feront obligés de les amener; d'obliger encore les propriétaires, de les préſenter dans l'arrondiſſement de leur naiſſance, quoique nourris dans un autre; de repréſenter le brevet de garde, & d'acheter des poulains de l'année, ou dans le courant de la ſuivante, & ainſi de ſuite. (C'eſt trop d'entraves & d'aſſujettiſſement pour les particuliers; quels ſoins & qu'elle éducation donneront-ils au poulain qu'ils acheteront d'autorité, & souvent contre leur gré ?) Quant à l'achat successif des étalons, & au paiement annuel de leur pension, l'auteur desire que le roi s'en charge, après néanmoins que les fonds lui en auront été remis, moyennant une imposition répartie sur tous ceux qui auront des chevaux, des jumens ou des poulains, à raison de 4 liv. 10 sols par jument marquée ; 2 liv. 10 sols par poulain ou pouliche n'ayant pas quatre ans, provenant d'une jument marquée ; 4 liv. par jument commune ; 3 liv. par cheval, & 1 liv. 10 sols par poulain ordinaire, jusques à trois ans. Il demande que les étalons soient de vrais danois, & âgés de quatre ans complets en commençant le service. (La race danoise, ou de tel autre canton du nord, n'est pas ce qui convient à notre climat. L'âge de quatre ans n'est point celui où les chevaux danois ont acquis tout leur être ; & un étalon en qui la nature n'a pas encore suffisamment travaillé les premières formes, ne peut jamais les communiquer régulièrement dans la suite, quand on l'a exposé à se prodiguer inutilement trop tôt).

L'auteur ne veut confier l'exécution du régime qu'il présente, qu'à des inspecteurs choisis parmi les officiers de cavalerie, & assujettis à une direction générale des haras, composée de MM. les maréchaux de France, ou lieute-

nans-

hans-généraux, & autres officiers majors, ayant
servi s'il se peut dans la cavalerie, présidés par
un secrétaire d'état, par un maréchal de France,
ou par le plus ancien des directeurs - généraux. Les
directions particulières seront données à des bri-
gadiers ou mestres - de - camp; les contrôles, les
inspections, à des capitaines ou des lieutenans; les
frais de cette administration seroient payés par une
taxe sur les chevaux de ville, & sur ceux qui viennent du dehors.

(Quoi qu'il soit plus facile de remarquer les défauts du plan dont je viens de donner une notice,
que d'en rédiger un qui n'en ait absolument point,
cela n'empêchera pas que, relativement à la fin
générale, il n'y ait proportions des moyens avec
leurs objets particuliers; que tout ce qui peut faire
renaître les haras & les soutenir, n'y soit établi,
sinon en diminuant, du moins sans augmentation
sensible de charges, & qu'à supposer de l'inconvénient dans cette seule circonstance, les avantages
qui en résulteroient sont infiniment plus considé-
rables. Nos haras sont dans un dépérissement si
prodigieux, & cette partie est cependant si essen-
tielle au commerce, qu'on ne sauroit trop encourager les particuliers qui ont des terres, d'élever
des chevaux, & trop prêcher au cultivateur, que sa
négligence dans l'éducation des poulains, & la

préférence qu'il donne aux autres beftiaux, ne lui eft ni fi utile, ni fi profitable, & que rien n'égale le bénéfice des belles jumens poulinières.

Médecine vétérinaire, par M. Vitet, docteur & profeſſeur en médecine, Lyon, 1771, 3 vol. in-8°. —— Nouvelle édition, id. 1783.

La feptième partie du premier volume de cet ouvrage, traite de la génération ; l'auteur y décrit fucceffivement les parties de la génération du cheval, du taureau, de la jument & de la vache ; il expofe enfuite les différens fyftêmes fur la génération, parle du fœtus du cheval & du taureau, des fonctions du fœtus dans la matrice ; de l'accouchement, des mamelles de la jument & de la vache ; du lait & de fes différens produits, dont il fait une analyfe chymique, très-étendue ; il paffe de là aux *précautions qu'il faut prendre pour avoir de belles productions* ; c'eft proprement le traité du *haras*, qui eft terminé par l'expofé des différentes méthodes de hongrer les poulains.

Si l'état de docteur & de profeffeur en médecine n'a pas permis à M. *Vitet* de fe livrer aux obfervations que les haras comportent ; s'il n'a jamais étudié l'efpèce chevaline, que dans les livres de fes contemporains, ou des auteurs qui l'ont précédé, & qu'il n'en ait pas moins été dévoré du defir de tranfmettre, à la race préfente & future, un traité fur la génération, on lui doit au moins des remerciemens d'avoir fu fondre dextrement, & mêler enfemble ce que MM. *de Garfault*, *de Buffon* & *Bourgelat* ont publié fur les haras, & fur-tout d'avoir fait un choix auffi judicieux ; les erreurs ont été, & font journellement affez répandues pour qu'on doive favoir quelque gré au compilateur qui ne répète que des vérités connues, mais utiles. M. *Vitet* a été plus heureux dans l'extrait de ces auteurs, que dans celui de *Chentner*, page 264.

La prétendue nouvelle édition de 1783, ne diffère point de l'ancienne ; je laiffe à d'autres le foin de la faire connoître plus en détail.

L'agriculture, Poëme, à Paris, de l'imprimerie royale, 1774, in-4°. avec fig.

Il n'y avoit point de poëme françois en vers fur l'agriculture, & l'on croyoit que la langue offroit trop de difficultés pour pouvoir y réuffir, lorfque M. de *Roffet*, auteur de cet ouvrage, trop peu connu, prouva par des vers quelquefois dignes du chantre de Mantoue , l'erreur où l'on étoit fur cet objet. *Virgile* compofa fes géorgiques, tandis qu'Augufte foumettoit l'Egypte & les Parthes ; M. *de Roffet* a écrit fon poëme dans le temps où Louis XV conquéroit la Flandre , l'Italie , & donnoit la paix à l'Europe. Il eft divifé en fix chants , remplis des plus beaux détails & des plus excellens préceptes ; c'eft dans le cinquième où il traite des *haras*. Il confeille de les placer fur des côteaux rians & dans un climat tempéré , évitant les pâturages maréca-geux , humides ou fangeux , parce que les chevaux qu'on y élève font pefans , lâches , & fans vi-gueur.

Le choix de l'étalon fait le fort du haras.
Le barbe , l'efpagnol ont plu dans nos climats.
Le poulain né du barbe , en hauteur le furpaffe ,
Le courfier d'Ibérie eft plus grand que fa race.

Le détail des qualités néceffaires à l'étalon , eft une imitation du pareil endroit de *Virgile*.

Que d'un poil diftingué la plus noble couleur
Embelliffe fa robe & marque fa valeur ;
Et qu'à votre haras cette utile parure
Donne de race en race une heureufe teinture.
Recherchez l'alezan , préférez le tigré ,
Le bai , le noir de jais , l'ifabelle doré.

Une robe lavée, ou mal teinte, ou cendrée,
D'un cheval paresseux est la marque assurée.

. . . .

Un ardent étalon plein de force à sept ans,
Conserve sa vigueur au vingtième printemps.
Il s'affoiblit ensuite, & son ardeur stérile
N'est que l'effort trompeur d'un desir inutile.
La jument sert plus jeune & le quinzième été
Termine les beaux jours de sa fécondité.

. . . .

Aux travaux de l'amour, son époux destiné,
A son avide faim doit être abandonné.
Mais modérez ses feux, & qu'à douze maîtresses
Son ardeur soit contrainte à borner ses caresses.

M. *de Rosset* préfère la monte à la main, & il veut qu'on commence à dresser les poulains à l'âge de trois ans ; mais avec douceur & patience. (Cet âge est trop précoce). Il fait le tableau des différens travaux auxquels on les destine, & il passe ensuite aux mulets, ce qui amène l'éloge de l'âne. Il y a, à la fin de chaque chant, des notes, qui éclaircissent ou qui commentent le texte, ce qui facilite la lecture de cet ouvrage, à ceux à qui la poësie n'est pas familière.

Il y a eu une seconde édition de ce poëme, *in*-12, à Paris, chez Moutard, en 1777, à laquelle on a ajouté le titre de *Géorgiques françoises* ; & une contrefaçon *in*-8º, en 1774, aussi sous le titre

de seconde édition, avec le titre simple de la première.

***

*Dictionnaire raisonné, universel, d'histoire natu-
relle, contenant l'histoire des animaux, des
végétaux & des minéraux, &c., par M. Valmont de Bomare, Paris 1775, six volumes
in-4°.*

Cette compilation sur l'histoire naturelle, faite
avec choix parmi les meilleurs auteurs, jouit d'une
certaine considération, plutôt due cependant à sa
forme de dictionnaire, qui, comme on sait, fa-
vorise la paresse d'un grand nombre de lecteurs,
qu'à son originalité ; elle a eu un assez grand nombre d'éditions & de contrefaçons. Elle parut, pour
la première fois, en 1764. L'article *haras*, inséré
dans celui *cheval*, n'est, à l'exemple de beaucoup
d'autres, qu'une copie servile de ce que l'on trouve
dans *l'histoire naturelle de M. De Buffon*, sur cet
objet.

Introduction à l'art équestre, *par Jean - Jacques Puech, citoyen de Genève ; Genève*, 1775,
in-8º.

Une épître dédicatoire aux amateurs de l'art
équestre, un avant-propos, quatre articles, sous
les titres d'*examen général des chevaux*, *de la
sarcologie*, *des haras*, *du manége*, la récapitu-
lation, une table des matières, & un errata ; tel
est le corps & la division de cette brochure de 113
pages d'impression.

Quelqu'un a dit, je crois, qu'il n'appartenoit pas
à tout le monde d'aller à Corinthe ; mais il n'appartient pas non plus à tous les Jean - Jacques,
citoyens de Genève, d'être des *Rousseau*, &
M. *Puech* en est un exemple.

« C'est, dit-il, dans son avant-propos, à l'imitation des grands hommes de nos jours, qui ont
mis la philosophie entre les mains de tout le monde,
& en tâchant d'imiter de bien loin leur style, d'autant plus sublime, qu'il paroît plus simple, que nous
essaierons de démontrer la connoissance de l'art
équestre ».

(Il a en effet imité & suivi, de *très-loin*, le style
& les connoissances de MM. *Garsault*, *de la*

Gucrinière, *de Bourgelat* & *la Foſſe*, qu'il ſe propoſoit pour modèles, & dans les ouvrages deſquels il a puiſé, pour former ſa rapſodie du *haras*, page 93).

La première attention qu'on doit faire, c'eſt le choix des jumens. Il faut que celle deſtinée à pouliner, ſoit exempte de toutes les infirmités venant de naiſſance ; celles qui ne ſont qu'accidentelles, comme un œil crevé, une cicatrice conſidérable ; une jambe caſſée & racommodée, &c., &c., n'empêcheront pas, qu'avec les ſoins ordinaires & le choix de l'étalon, elle ne faſſe un beau poulain. (Le veſſigon, le capelet, la courbe, le jardon, &c. ſont des maux accidentels, & ſe communiquent cependant par la génération. M. *Puech* a donc tort de ne pas exclure du haras les jumens qui en ſeront attaquées. Il parle des jambes caſſées & racommodées comme d'une choſe commune & facile ; tous les vétérinaires connoiſſent cependant les difficultés, quelquefois inſurmontables, qui s'oppoſent à la guériſon des fractures, ſur - tout celles des grands os). Il veut, à l'exemple du *comte de Brezé* & d'autres, qu'après la monte, on faſſe prendre à l'étalon du foie d'antimoine dans du ſon, & qu'on le ſaigne. (J'ai démontré l'abſurdité de ce conſeil, en rendant compte de l'*Eſſai ſur les Haras*, page 293).

L'auteur fait enfuite un examen des caufes de la conception, ainfi que des parties de la génération, tant du mâle que de la femelle; examen qui eft déplacé & hors d'œuvre. Il veut qu'on sèvre les poulains au plus tard à fix mois, qu'à l'âge d'un an on les envoie aux herbages, jufqu'à celui de] quatre, temps où on les tiendra à l'écurie, nourris au fec, ayant foin de les faigner alors, à caufe de leur changement de nourriture. (La faignée eft encore ici inutile); enfuite on les fera trotter à la longe avec le caveffon, commençant par leur enfeigner à reculer, après quoi on les mettra au manége. (Je laiffe à penfer à tout lecteur, homme de cheval, fi le reculer eft la première leçon à donner à un poulain, & je lui laiffe faire la réflexion dure, mais jufte & véritable que l'auteur *de l'introduction à l'art équeftre*, n'eft pas meilleur écuyer que bon hippiatre.

Dictionnaire raifonné d'hippiatrique, cavalerie, manége & maréchallerie, par M. la Foffe, Paris, Boudet, 1775, 4 vol. in-8°. —— *Le même, Paris, Durand & Jombert, 1776.* —— *Le même, nouvelle édition, revue & corrigée, Bruxelles, 1776, 2 vol. in-8°.*

Dans cette contrefaçon, qui eft bien foignée,

d'un caractère plus fin, & beaucoup moins chère que celle en quatre volumes. On a fondu, dans le corps de l'ouvrage, le supplément qui se trouve à la fin du quatrième, que personne n'y soupçonne, & qu'on ne consulte pas ; ce qui rend cette édition plus utile que la première.

M. *la Fosse* a désuni, dans cet ouvrage, tout ce qu'il avoit publié jusqu'alors sur l'hippiatrique, pour en faire des articles séparés, auxquels il a donné la forme de dictionnaire ; mais il est des objets que, dans ses précédens ouvrages, il n'avoit pas eu occasion de traiter, tels sont les haras & la cavalerie, il s'en est occupé fort au long ici ; l'article des *haras* contient 42 pages, c'est un mémoire étendu & intéressant.

L'auteur s'occupe d'abord du terrein propre au haras ; il recommande de n'y faire que des chevaux, dont la nature & les qualités approcheront de celles du sol sur lequel ils doivent se nourrir. Il passe ensuite à la monte, dont il expose les différentes espèces ; à la gestation, au part, aux soins qu'il faut avoir du poulain. On ne doit jamais permettre qu'une jument soit sautée pendant qu'elle nourrit, si l'on est jaloux de conserver les mères & d'élever des poulains bien constitués. À un an ou dix-huit mois, on leur tondra la queue, quoiqu'en dise l'auteur de *l'essai sur les haras* ; à deux ans on

féparera les mâles des femelles ; à trente mois &
même plus tard, on hongrera ceux deftinés à fubir
cette opération ; on les ferrera à trois ans. M. *la
Foffe* s'occupe du choix des étalons & des jumens :
les barbes font regardés comme les meilleurs étalons , cependant on prétend que depuis qu'ils ont
été introduits en Normandie & dans le Limofin ,
ils ont entièrement ruiné les haras des ces provinces.

Il s'élève contre les abus qui fuivent la régie
actuelle de nos haras & il indique les moyens d'y
remédier. (Moyens qui feront toujours éludés tant
que les réglemens fubfifteront). Il propofe un
plan d'adminiftration, dans lequel tous les étalons
appartiendroient à la province ; il prend pour exemple celle de Champagne , à laquelle il adopte fon
plan , & il termine cet article par un état de
l'entretien des haras, fuivant le plan projetté, état
duquel il réfulte, qu'en quatre ans , toute la dépenfe fera acquittée , & qu'il y aura 80,000 livres
de refte. (Cette fpéculation eft très - avantageufe
dans l'ouvrage de M. *la Foffe* ; mais le feroit-
elle également dans l'exécution ; j'invite à lire ce
projet dans l'auteur même, qui auroit dû lui donner encore plus de développement).

Dictionnaire d'hippiatrique pratique , ou traité complet de la médecine des chevaux , &c. , le tout traité d'après les préceptes des plus grands maîtres , & les ouvrages modernes les plus estimés. Par M. Robinet, Hippiatre. Versailles & Paris , 1777 ; in-4°. avec figures.

Le titre de cet ouvrage annonce que c'est encore une compilation, & non le résultat & le fruit des observations de l'auteur, comme il voudroit le faire accroire dans sa préface, après s'être aussi formellement expliqué, son but en le publiant, a été, dit-il, de me mettre à la portée des maréchaux de campagne & des laboureurs, l'art vétérinaire ; mais quiconque a le *guide du maréchal de M. la Fosse* , ou son dictionnaire , dont je viens de parler, peut se dispenser de lire celui de M. *Robinet*, qui ne contient rien de neuf, pas même le titre. Les articles *étalon, jument, poulain*, ne forment, comme tous les autres, qu'un extrait, qu'une répétition servile du précédent, aussi *M. la Fosse*, dont l'approbation est placée en tête de celles qui décorent l'ouvrage, en fait-il le plus grand éloge, & le regarde-t-il comme un des meilleurs qui ait paru en ce genre ; les deux hippiatres se donnent alternativement, l'un dans la préface & l'autre dans

l'approbation, de l'encenſoir par le nez. Le rap-
prochement de ces deux pièces eſt piquant, & fait
pour mettre les lecteurs ſenſés à même d'apprécier,
au juſte, la valeur des louanges réciproques du maître
& du diſciple.

*Traité économique & phyſique du gros & menu
bétail, contenant la deſcription du cheval, de
l'âne, du mulet, du bœuf, de la chevre, de
la brebis & du cochon ; la manière d'élever
ces animaux, de les multiplier, de les nourrir, &c. Paris, Lacombe, 1778, 2 vol.
in-12.*

Cet ouvrage, dont M. *Buc'hoz* eſt l'auteur,
n'eſt qu'un extrait de ſon *dictionnaire vétérinaire*,
ſous un autre titre & ſous une autre forme. Le
chapitre premier traite du cheval ; l'article deuxième
de ce chapitre, intitulé *des haras & de la manière
de propager la race des chevaux*, eſt copié ſi ſer-
vilement, qu'on y retrouve les mêmes bévues que
j'ai déjà indiquées, page 301, en parlant de la
couleur des poils du cheval. Je ne m'amuſerai point
à faire la notice de cet article ; je ne pourrois que
répéter ce que j'ai dit en parlant *du dictionnaire
vétérinaire*. M. *Buc'hoz* eſt accoutumé à ce genre

d'écrire ; je laiffe à M. *Huzard* le foin d'apprécier plus particulièrement fes productions. J'obferverai feulement, qu'il y a plus que de l'indécence
à fe compiler ainfi foi-même.

Mémoire inutile fur un fujet important, Londres,
1778, in-8°. *de* 58 *pages.*

Le but de l'auteur de ce mémoire (M. le *comte
de Rofnai Lagny*), eft d'examiner s'il eft utile ou
non d'établir des courfes de chevaux en France, &
de prouver que ce moyen eft un des plus propres
à régénérer les haras. Il fait voir, par l'expofé des
réglemens, & fur-tout par celui du *mémoire du
confeil du dedans du royaume, touchant le rétabliffement des haras*, qu'il en a coûté au royaume
plus de cent millions pendant les deux dernières
guerres (de Louis XIV) pour les remontes feulement.

« Cette perte immenfe, quoiqu'on ne s'en doute
pas, eft inconteftable ; elle eft annoncée ; elle eft
prononcée, elle eft évaluée par l'adminiftration. Je
n'entrerai point, dit l'auteur, dans l'examen des
réglemens. Il fuffit de confidérer quelques faits, &
de s'y arrêter ; le premier, l'objet de néceffité eft
celui de ne pas payer, à toutes les nations étran-

gères le tribut le plus onéreux & le plus confidérable, pour nous priver non - feulement d'avoir
des chevaux en tout temps, mais pour leur donner
le moyen d'avoir la meilleure cavalerie pendant la
guerre ; le fecond eft qu'on achète d'Angleterre
tous les chevaux de chaffe & beaucoup de chevaux
de carroffes, parce qu'à beauté égale, ils font encore à meilleur marché à Paris que les chevaux
normands (1). Le troifième fait, eft que l'on tire
prefque tous nos chevaux de carroffe & de cavalerie de Flandres, de Frize, de Danemarck, du
Holftein, & d'autres parties de l'Allemagne ; une
chofe conftante, dans tous les temps, a été une
dépenfe énorme pour avoir des chevaux, fans que
cette dépenfe en ait jamais produit ».

» Si l'on réfléchit fur l'effet que doivent avoir
les réglemens fur les haras, fi l'on s'informe des
priviléges immenfes de nos gardes-étalons, &c. &c.
il fera difficile de ne pas conclure, qu'il réfulte du
fyftême des haras, des dépenfes confidérables pour
le roi, & cependant un impôt énorme & public,
pour empêcher les particuliers d'avoir des chevaux ».

» On a des haras en France, & de mauvais che-

---

(1) L'Angleterre nous exporte actuellement (1786)
pour fept à huit millions de chevaux par année.

vaux ; en Angleterre, c'eſt abſolument le contraire. La quantité de chevaux de toute eſpèce y eſt preſque incroyable, & il n'y a pas d'adminiſtration publique dans les haras ».

» Si cette prodigieuſe quantité dechevaux de toute eſpèce en Angleterre, tient à l'abondance & aux richeſſes immenſes que le comble de l'induſtrie fait produire dans la zône tempérée de l'Europe, au pays qui a peut-être le moins d'avantages naturels ; ne ſeroit-il pas poſſible que le principe de l'intérêt, qui a créé un ſi beau ſuperflu en Angleterre, dans tous les genres, produiſît au moins le néceſſaire dans un climat plus fécond & plus beau ».

» Ne ſeroit-il pas heureux pour l'adminiſtration, d'abandonner des ſoins auſſi infructueux que ceux qu'elle a pris pour les haras? Ne ſeroit-il pas important aux finances de retrancher des dépenſes, dont le ſyſtême commence par appauvrir le peuple, & finit par ruiner le royaume ».

» Or, ſans parler de tous les moyens ſecondaires, pour aſſurer la plus grande production des chevaux en France ; le premier moyen eſt de donner de grands encouragemens à la production des chevaux, & le ſecond eſt d'établir les courſes ».

(Ce que je viens de rapporter de ce mémoire, ſuffit pour prouver que l'auteur connoît bien la matière qu'il traite, il recommande vivement auſſi le
croiſement

croisement des races, & il paroît être également au fait des haras d'Angleterre, sur lesquels il s'étend beaucoup. Si son ouvrage est réellement inutile, comme le titre semble le faire pressentir, il n'en aura pas moins fait connoître, avec force, des vérités importantes, & dont le développement ne pourroit que produire le plus grand bien.

Observations sur les haras de France, à Neuchatel, 1779., in-8º. de trente-six pages.

Ce petit ouvrage renferme des moyens simples & avantageux pour tirer nos haras, non-seulement de l'état d'abâtardissement dans lequel ils sont, mais pour leur donner une consistance relevée & permanente. Après avoir montré combien la nature a fait en notre faveur, tant en donnant à nos prairies la fertilité & l'abondance, qu'en nous accordant le climat le plus favorable à la production des belles espèces, & combien il dépend de nous d'imiter les Anglois, & de parvenir à réunir à la taille & à l'étoffe de nos chevaux, la souplesse & la légéreté des leurs, l'auteur propose de donner les domaines du roi, à bail ou à cens emphytéotique, sous des cautionnemens valables, & au prix qu'ils sont actuellement affermés, à ceux qui fe préfenteroient pour former des établiffemens de chevaux, & de ftipuler, dans les actes de ceffion, toutes les conditions auxquelles feroient tenus les preneurs, comme le nombre & la race des jumens & des étalons qu'ils entretiendroient & fe procureroient à leurs frais. Dans les provinces où il n'y auroit point de ces domaines, le gouvernement y fuppléeroit par d'autres graces. On exigeroit de ceux qui feroient pourvus de charges & de commiffions de finance, qui viendroient à vaquer, une rétribution annuelle, proportionnée aux revenus. Ce qui feroit fuffifant pour l'entretien de deux mille quatre à cinq cents jumens, & de quatre à cinq cents étalons, lefquels joints aux deux mille cinq cents jumens & aux étalons entretenus fur les domaines fieffés, donneroient deux mille cinq cents à trois mille productions, année commune, dans chaque province ; & comme les entrepreneurs n'auroient pas le pouvoir de vendre leurs jumens, & que les poulains ne peuvent fervir avant cinq ans, l'on trouveroit dans ces établiffemens le nombre de chevaux plus que fuffifans pour les befoins du royaume.

L'auteur de cet ouvrage paroît être très-inftruit fur la manutention des haras, avoir beaucoup étudié celle des Anglois, & l'avoir mife en pratique dans un haras qu'il a établi dans le Perche, & qu'il a, dit-il, commencé avec un étalon & neuf jumens de demi-races, âges de quatre ou cinq ans, de deux mâles & de deux femelles iffus de première race, (lefquels il fut obligé de paffer en France à l'âge de fix ou fept mois, vu la difficulté de les avoir d'une belle conformation à l'âge de trois ou quatre ans; & cet établiffement, felon fon témoignage, a produit quatre-vingt-dix têtes, fans en compter cent-cinquante forties de fes étalons avec les jumens de fes voifins, parmi lefquels il y en a eu de vendus quarante, cinquante à foixante louis.

(Par ce qu'a fait un fimple particulier, fans autres fecours que ceux qu'il a puifés dans une médiocre fortune & dans une grande activité & un grand amour pour les chevaux, par l'émulation qu'il a infpirée à fes voifins, d'accroître l'étendue de leurs herbages & le nombre de leurs jumens, que le gouvernement juge de ce que l'on peut faire, en procurant les moyens d'encouragemens que j'ai propofés).

Cet ouvrage parut pour la première fois en 1774, & M. *Brugnone* l'indique, fous cette date, *in-*12, mais c'eft une erreur; il eft petit *in-*8° de 48 pages.

Traité des haras de Jean Brugnone , professeur en chirurgie , directeur de l'école royale vétérinaire , & de l'académie des anastamici de Belluno , avec le plan du haras royal de Chivasso , & de ses pâturages , à Turin , 1781 , chez les frères Reycends , vol. in-8°. de 566 pages , & 12 pour le titre , la table des chapitres & l'introduction.

M. *Brugnone* est avantageusement connu par plusieurs ouvrages sur l'art vétérinaire ; il est du petit nombre des élèves de feu M. *Bourgelat*, dont les écoles vétérinaires françoises ont droit de s'enorgueillir. Son *traité du haras* est écrit en italien ; mais je n'ai pu me refuser au plaisir de le faire connoître , en insérant ici la notice françoise, que M. *Huzard*, cet autre élève de M. *Bourgelat*, digne émule de M. *Brugnone*, en a donnée dans le journal de médecine, de septembre 1786, tome 68, page 524.

« Ce traité des haras est le plus étendu de tous ceux qui ont paru sur cet objet ; on y trouve de bons préceptes , d'excellentes vues pour les progrès de l'art vétérinaire en général, & pour ceux des

haras en particulier. Il eſt diviſé en trois parties,
& chacune de ces parties eſt ſubdiviſée en chapitres.
La première en contient ſix : dans le premier, l'auteur diſcute cette queſtion : Si le climat de la Sa-
voie convient à l'établiſſement des haras? & il eſt
pour l'affirmative. Il diſtingue les haras, en haras
particuliers ou parqués (*mandrie di cavalli*), &
en haras provinciaux (*razze provinciali*). Dans le
deuxième, il fixe le choix du lieu le plus propre
pour un haras, la formation, la diviſion & la diſtribution des pâturages ; il fait l'énumération, d'a-
près *Linné*, des plantes qui forment les prairies,
& qui conviennent ou qui nuiſent aux chevaux ; il
preſcrit les moyens de conſerver les pâturages, &
il indique les qualités-de la boiſſon. Dans le neuvième, il s'occupe de la conſtruction & de la diſtribution des écuries, &c., néceſſaires à un haras
particulier, des fonctions & du nombre des perſonnes qui doivent y être employées ; dans le cinquième, du gouvernement des étalons ; dans le
ſixième, il fait voir la néceſſité de croiſer & de renouveller les races, & il paſſe en revue toutes celles
connues & décrites par les naturaliſtes, les voyageurs, &c. En faiſant, (page 92), l'énumération
des vices, la plupart héréditaires, qui doivent
faire proſcrire les étalons ; il obſerve qu'un étalon
du haras royal, affecté d'hémoroïdes, communi-

qua cette maladie à tous fes échappés, mâles & femelles, que la plupart perdirent toute la queue, &
qu'ils furent encore fujets à de violentes coliques».

» La feconde partie eft divifée en cinq chapitres.
M. *Brugnone* difcute, dans le premier, s'il faut
étriller & faire travailler les jumens deftinées au
haras ; fi on doit les faire couvrir à la main ou en
liberté, & quelle eft la quantité d'alimens qui leur
convient. Dans le fecond, quel eft le meilleur temps
de la monte ; la manière d'y procéder ; les fignes
qui annoncent que la jument eft en chaleur ; la
quantité qu'un étalon doit en fervir, & l'affortiment de la figure & de la taille. Il paffe dans le
troifième aux fignes de la conception & de la plénitude, à la fuperfétation, au gouvernement des
cavales pleines ; il difcute fi on doit les faire couvrir tous les ans, ou feulement tous les deux ans,
il parle de la durée de la geftation, de l'arrière
faix, des enveloppes du fœtus, & de fa fituation
dans l'utérus, des fignes prochains du part, & du
part lui-même. Il termine ce chapitre par la dif-
cuffion de la queftion : s'il naît plus de femelles que
de mâles, & il réfulte d'une expérience de trente
ans, faite dans le haras royal, & d'après le relevé
des regiftres, qu'il eft né plus des premières que des
autres dans ce haras ; mais ces naiffances font
prefque toutes le fruit d'accouplemens inceftueux,

la plupart des étalons & des jumens étant nés dans ce haras ; & ces obſervations, loin d'infirmer le ſentiment de M. *De Buffon*, ſemblent au contraire venir à l'appui des conjectures de ce célèbre natura-liſte. Le quatrième chapitre indique les moyens de gou-verner les jumens qui ont mis bas, & leurs poulains, depuis leur naiſſance, juſques à ce qu'ils ſoient en état d'être dreſſés ; les bons effets que le verd produit aux poulains pendant les premières années qu'ils ſont à l'écurie ; le cinquième chapitre traite des ânes, des mulets, des bardeaux, & des jumars ».

» La troiſième & dernière partie, a ſix chapitres, dans les trois premiers, M. *Brugnone* diſcute ſi la ferrure eſt un art antique, indique quand & comment on doit commencer à ferrer les poulains ; traite de la caſtration des poulains & pouliches ; de l'avortement, du part difficile & contre na-ture, &c. Dans le quatrième, il traite de quel-ques maladies les plus fréquentes aux poulains, telles que les vers, les poux, la diarrhée, &c. Dans le cinquième, des dents du fœtus & du pou-lain, de la dentition, de la gourme & de la mor-fondure. M. *Brugnone* penſe avec *Solleyſel* & *Garſault*, contre le ſentiment de M. *Bourgelat*, que la gourme eſt une maladie particulière aux pou-lains des pays froids, puiſque ceux d'Eſpagne & d'Italie en ſont rarement affectés, tandis qu'au con-

traire ceux de France, d'Allemagne, d'Angleterre y font généralement expofés. Il ne l'a pas
obfervé dans les poulains du haras royal, & les
auteurs italiens, efpagnols, n'ont point de nom
propre pour la défigner ; celui de *cimurro* expri-
mant également la *morve* comme la *gourme* ; il ne
la trouve pas non plus décrite dans les hippiatres
grecs & dans *Végece*. Le fixième chapitre enfin eft
une differtation fur le *gloffantrax*, ou *chancre vo-
lant*, & fur le traitement de cette maladie épizoo-
tique & contagieufe, qui fait quelquefois de très-
grands ravages dans les haras ».

» Les auteurs cités par M. *Brugnone*, font principalement, *Ariftote*, *Pline*, *Varron*, *Palladius*,
Columelle, *Végece*, la collection des vétérinaires
de *Ruel*, *Winter*, *Ruini*, le marquis de *Spolve-
rini*, l'abbé *Spallanzani*, les *mémoires de l'académie des fciences de Paris*, *Haller*, *Cetti*, *Solleyfel*, *Garfault*, & fur-tout MM. *de Buffon* &
Bourgelat ; de pareils guides font bien faits pour
affurer à l'ouvrage de M. *Brugnone* une place diftinguée dans la foule de ceux qui ont paru depuis
quelques années fur la *zoqiatrique*, & qui, le plus
fouvent, n'ont de bon que le titre ».

(La traduction de cet ouvrage dans notre langue, ne pourroit qu'ajouter avantageufement à nos
connoiffances fur cette branche, fi importante & fi

négligée de l'art vétérinaire : perſonne n'eſt plus en
état que M. *Brugnone* lui-même de s'occuper de
cette traduction, & nous l'invitons à en enrichir
notre littérature médicale).

Encyclopédie méthodique, hiſtoire naturelle des
animaux, tome premier, à Paris, chez Panck-
koucke ; à Liége, chez Plomteux, 1782,
in-4°.

C'eſt aux mots *cheval*, *jument*, *poulain* qu'on
trouve tout ce qui a du rapport aux haras, c'eſt-
à-dire, aux qualités d'un bon étalon, aux ſoins
qu'on doit en avoir, aux choix des jumens, à la
manière de les nourrir & gouverner, tant avant,
que pendant, & après l'accouplement, aux ſoins
à donner aux poulains, &c.

Tous ces articles ſont copiés littéralement de
l'hiſtoire naturelle de M. De Buffon, & le rédacteur
ne pouvoit faire un meilleur choix ; mais s'il eût été
écuyer & praticien, il n'auroit pas conſeillé de
commencer à dreſſer les poulains dès l'âge de trois
ans ou trois ans & demi, parce qu'à cet âge ils
n'ont point encore acquis tout le développement qui
leur eſt deſtiné par la nature, & que les faire tra-

vailler alors , c'eft étrangler leur accroiffement ; fufpendre & arrêter l'extenfion des formes , & leur en faire prendre d'oppofées à celles qui font la bafe de la force & de la légèreté. Il n'auroit pas dû exiger non plus qu'il y eût dans le haras des *mares* , pour abreuver les chevaux , parce que les eaux ftagnantes font toujours remplies d'impuretés , de plantes qui s'y pourriffent , de vermiffeaux & d'infectes qui y dépofent leurs œufs , que les animaux avalent en buvant , qui éclofent dans leurs entrailles , & peuvent caufer de grands ravages. Ces vers font quelquefois fi multipliés , qu'ils occafionnent des efpèces d'épizooties , & font un véritable fléau dans les haras; on en trouve une fi grande quantité dans l'eftomac des poulains & pouliches qui périffent fans caufe apparente , à un ou deux ans , qu'on ne fauroit douter qu'ils ne foient la caufe de la mort de ces jeunes fujets (1). D'ailleurs, quoiqu'en dife *Ariftote* & fes copiftes, les eaux croupiffantes, font lourdes & vifqueufes; loin de faciliter la digeftion , elles ont befoin elles-mêmes d'être digérées ; elles doivent donc être proferites pour la boiffon des haras.

---

(1) Voyez *Traité des maladies vermineufes dans l s animaux* , par M. Chabert, 1787, *in-8°.* , art. XXI, pag. 41 & 42.

C'eſt dans l'*Encyclopédie*, où le traité des haras auroit dû avoir toute l'étendue dont il eſt ſuſceptible ; j'eſpère qu'il ſera traité avec beaucoup plus de détail, & ſous un point de vue plus rapproché dans la partie de ce vaſte ouvrage, qui embraſſera l'art vétérinaire.

Cours complet d'agriculture théorique, pratique, économique & de médecine rurale & vétérinaire, ou dictionnaire univerſel d'agriculture, rédigé par M. l'Abbé Roʒier, &c. troiſième volume, Paris, 1783, in-4°. avec fig.

Les chapitres IV & V de l'article *cheval*, page 236, traitent des *haras* & de la génération. Le premier chapitre eſt diviſé en trois ſections, 1°. Qu'entend-on par haras ? 2°. quel eſt le but de tout haras ? 3°. des connoiſſances néceſſaires dans l'établiſſement d'un haras.

« Nous entendons par *haras*, dit M. *Thorel*, rédacteur de cet article, les chevaux de l'un ou de l'autre ſexe deſtinés à la propagation, ou les lieux où les chevaux ſont établis, & uniquement employés à ſe reproduire, tel eſt, par exemple, le haras de Pompadour, dans le Limouſin ». (Cette définition vague, peut-elle être entendue par toute perſonne qui ne connoît pas le haras de Pompadour ? M. *Thorel* qui a copié, ſans les citer, MM. *la Foſſe* & *Bourgelat*, dans ce qui concerne les haras, auroit dû ne pas changer la définition ſimple qu'en donne le dernier, alors il auroit appris au lecteur que l'on entend par haras, des étalons répandus dans divers cantons des provinces, pour y propager, avec les jumens des agriculteurs, ou que ce mot exprime l'aſſemblage d'un certain nombre de chevaux entiers & de jumens d'élite, dans un lieu choiſi pour en tirer race, y perpétuer les eſpèces, & y élever des productions juſques au moment où elles auront acquis la force néceſſaire au ſervice auquel on les deſtine). « Le but de tout haras, eſt l'augmentation de l'eſpèce, ou la correction des défauts de l'eſpèce dominante. » (Le but de tout haras doit être non-ſeulement la multiplication de l'eſpèce, mais ſur-tout l'anéantiſſement des défauts de la race dominante, & non pas ſa correction ; car, en corrigeant, on ne perfectionne pas, & c'eſt la perfection qui eſt le point recherché.)

Veut-on ſavoir quelles ſont les connoiſſances néceſſaires dans l'établiſſement d'un haras ? objet de la troiſième ſection ; qu'on liſe le mot *haras* du *dictionnaire d'hippiatrique de M. la Foſſe*, & on ſera auſſi inſtruit, & dans les mêmes termes, que si on avoit étudié le *dictionnaire d'agri-culture.*

Le chapitre V, qui traite de la génération, est divisé en onze sections. La première, traite des qualités de l'étalon destiné à la propagation; la seconde, des qualités de la jument; la troisième, de la monte & de ses espèces. « La monte est l'opération de l'étalon, par laquelle il saute la jument. » (M. *Thorel* n'est pas heureux en définitions ; car un cheval hongre saute sur les jumens, & ne les féconde pas). La quatrième section traite des signes qui font connoître que la jument a été fécondée. Le moins équivoque, selon M. *Thorel*, est la cessation de la chaleur, & le refus de l'étalon. (Rien de plus incertain que ce signe ; tous les praticiens savent que des jumens vuides refusent l'étalon, & s'en défendent même vigoureusement ; & que des jumens dont la chaleur est cessée, n'ont pas retenu). La cinquième, traite des soins que l'on doit avoir de la jument lorsqu'elle est pleine ; M. *Thorel* renvoie au mot *avortement*, tome II, page 108, pour ce qui concerne cet accident ; (mais ce renvoi devient inutile, parce que M. *Thorel* n'y parle point des signes qui précédent, accompagnent ou suivent l'avortement, & que ce qu'il en dit se réduit presqu'à rien). La sixième, de l'accouchement & des moyens de le

faire réuffir ; la feptième , des foins que le poulain exige depuis fa naiffance jufqu'au fevrage ; la
huitième , du temps du fevrage , & des moyens
de l'opérer ; la neuvième , à quel âge on doit
féparer les poulains d'avec les femelles , du
temps de châtrer les premiers , & de les ferrer. M. *Thorel* fixe à deux ans le temps de féparer
les poulains des femelles , parce qu'ils commencent
à fentir leur fexe , fur-tout s'ils font bien nourris. (Les poulains fentent leur fexe à dix - huit
mois , & dès-lors commencent à s'échauffer auprès des jumens ; à deux ans ils feroient en état
d'engendrer). S'ils font vigoureux , ils s'énervent
& fatiguent inutilement les *jumens pouliches.*
(N'appelle-t-on pas *poulain* & *pouliche* l'animal
qui n'a pas encore changé toutes fes dents de lait ,
& dès qu'elles font remplacées , ne prend - il pas
le nom de cheval ou de jument , fuivant fon fexe.
Dès lors que fignifie le terme de *jumens pouli-*
ches ? Je fais que , dans un manufcrit de M. *Bour-*
gelat , dont je vais rendre compte , on lit les *ju-*
mens pouliches ; mais cet ouvrage , copié & recopié ,
eft très-fouvent rempli de fautes , celle-ci en eft
fans doute une , & M. *Thorel* , en tranfportant ,
dans le *dictionnaire d'agriculture* , les principes ,
les obfervations & le ftyle de M. *Bourgelat* , auroit dû éviter d'y faire paffer jufques aux fautes de

ſes copiſtes). La ſection dixième traite de la manière de dreſſer les poulains ; & la onzième, du temps de les faire travailler.

(Tout ce que M. *Thorel* dit des haras & de la génération, dans cet ouvrage, eſt donc copié littéralement de MM. *la Foſſe* & *Bourgelat* ; il les a fondus enſemble, pour en former le traité dont on vient de voir la diviſion, qui renferme beaucoup de bonnes choſes, mais qui auroit pu être plus intéreſſant encore, & plus utile pour les agriculteurs, ſi M. *Thorel* avoit pu porter, dans la rédaction de cet article & dans le choix de ſes matériaux, le diſcernement de l'expérience & de l'obſervation).

Elémens de l'art vétérinaire. Traité de la phyſique des haras, par M. Bourgelat, directeur & inſpecteur général des écoles royales vétérinaires de France, commiſſaire général des Haras du royaume, &c. &c. Manuſcrit (1).

M. *Bourgelat* publia, en 1768 & 1769, chez Vallat-la-Chapelle, libraire au palais, les

---

(1) Ce manuſcrit m'a été communiqué, ainſi que celui du même auteur dont j'ai parlé relativement au

deux premières parties d'un ouvrage, intitulé : *Elémens de l'art vétérinaire. De la conformation extérieure des animaux , des considérations auxquelles on doit s'arrêter dans le choix qu'on doit en faire , des soins qu'ils exigent , de leur multiplication , &c. &c.* La première partie traite de la connoissance extérieure du cheval ; la seconde, du choix de cet animal , & des soins qu'il exige ; la troisième, qui traite des bêtes à cornes & à laine, & la quatrième , dont je viens de donner le titre, sont restées manuscrites ; mais, dans un avis, placé à la fin de la troisième édition des deux premières , faite en 1785 , l'éditeur annonce qu'on va bientôt les livrer à l'impression.

L'auteur de cet ouvrage est le plus célèbre hippiatre de ce siècle. Il a fait, toute sa vie, sa plus grande occupation de l'étude du cheval ; il a ajouté de nouvelles connoissances à celles de ses prédécesseurs sur l'art vétérinaire : il est le premier , qui, à l'aide de la géométrie , ait trouvé & fixé

---

réglement des Haras, pag. 253 , par M. *Huzard* , que j'ai déjà eu occasion de citer plusieurs fois dans cet ouvrage ; & c'est dans sa bibliothèque , la plus nombreuse que je connoisse sur toutes les parties de la science vétérinaire , que j'ai trouvé le plus grand nombre des ouvrages dont j'ai donné la notice.

les

les dimenfions proportionnelles d'un animal, non moins utile que brillant ; & il eft le feul qui ait indiqué, d'une manière certaine & infaillible, les moyens de fe mettre à couvert des fraudes qui fe pratiquent journellement par les maquignons. J'ai dit, & je le répéterai chaque fois que j'en aurai l'occafion, que c'eft aux ouvrages de cet homme illuftre que je dois prefque toutes mes connoiffances en hippiatrique ; on me pardonnéra de payer ici ce léger tribut à fes talens & à fon mérite ; fa réputation eft au-deffus de mes éloges, & l'établiffement des écoles vétérinaires en France, fuffira feul pour faire paffer fon nom à la poftérité la plus reculée.

Le traité de la phyfique des haras eft divifé en plufieurs fections, dans lefquelles M. *Bourgelat* examine fucceffivement, ce qu'on entend fous la dénomination de haras ; le choix & la divifion du terrein qu'exige cet établiffement ; la néceffité du croifement des races ; celles qu'on doit préférer en France, pour en tirer des étalons ; l'affortiment ; la configuration ; la taille, l'âge & le poil qu'on doit rechercher dans les étalons ; le choix des jumens, l'âge où on doit les admettre au haras ; le temps de la monte, & la manière de la faire ; les foins que les cavales exigent lorfqu'elles font pleines ; les fignes qui annoncent la plénitude, la

Y

fortie du fœtus, les précautions & les remèdes qu'il convient d'employer dans ces circonſtances, ainſi que dans celle de l'avortement ; le temps que le poulaïn doit teter ; enfin les ſoins & les attentions qu'il faut apporter dans ſon éducation, juſques au temps où il eſt en état de travailler. M. *Bourgelat* examine enſuite, ſous le titre modeſte de *doutes & de queſtions*, qu'elle eſt l'influence du climat, du ſol, des pâturages, des eaux ; ſi toutes ſont également propres & favorables aux chevaux ; les races, leur dégénération, &c. Cette partie du *traité de la phyſique des haras* a été publiée dans le *journal d'agriculture* des mois de ſeptembre & d'octobre 1778, ſous le titre de *queſtions intéreſſantes*, & de *lettre à mylord P*..... (Pembrock) *ſur les chevaux.*

Je me ſuis contenté d'indiquer rapidement ici l'objet de cet ouvrage ; les détails intéreſſans & nombreux qu'il contient, ſont intimement liés les uns aux autres, & ils ne pourroient que perdre infiniment à être morcelés dans une notice. La place que M. *Bourgelat* occupoit dans les haras, ſa longue habitude de voir & de bien voir, rendent ſes obſervations bien propres à accroître nos connoiſſances ſur la partie économique, & ſur la partie phyſique des haras ; & la publication de cette partie de ſon travail ne pourra qu'ajouter à ſa réputation juſtement acquiſe.

J'ignore dans quel temps il a composé cet ouvrage, mais il est certain que dès 1769, il étoit
entre les mains de ses élèves ; que depuis cette
époque, il a été copié un grand nombre de fois,
& qu'on en retrouve des traces dans plusieurs
traités sur les haras ; tels entr'autres que ceux de
MM. *Brugnone* (pag. 324) & *Thorel* (pag. 331),
élèves des écoles vétérinaires. Le premier l'a souvent traduit, & le second l'a plus souvent encore
copié, même avec des fautes, ainsi que je l'ai fait
observer (page 334). J'avouerai, avec plaisir &
reconnoissance, que moi-même, j'ai cru quelquefois ne pouvoir puiser dans une meilleure source ;
& ce que je dois à M. *Bourgelat*, ne peut qu'a-
jouter à l'intérêt de mon ouvrage.

Il est au surplus encore un grand nombre d'ouvrages
françois, dans lesquels on trouvera des notes, des
renseignemens ou des mémoires sur la propagation
& la multiplication des chevaux, tels que le *mercure de France, le journal encyclopédique, le
journal économique, celui d'agriculture, les re-
cueils des sociétés d'agriculture, l'encyclopédie
rurale, le dictionnaire des gens du monde, le
dictionnaire de médecine, de chirurgie & de l'art
vétérinaire*, & une foule d'autres dictionnaires,

l'agriculture complette, traduite de l'anglois de *Mortimer*, le cours d'histoire naturelle de *Beaurieu*, *le bon fermier*, dont l'auteur, (M. *Rose*), remarque que les jumens à *nez de renard* font les meilleures nourrices ; le *manuel des champs de Chanvallon*, *la France agricole & marchande*, qui indique un plan pour former des haras dans les bois, qui rapporteront au moins cinq cents mille livres ; *l'agriculture simplifiée du marquis de Caraccioli* ; beaucoup d'autres ouvrages fur l'agriculture, quelques-uns de ceux des économistes; le *prospectus d'un cours complet d'hippotomie*, par M. *Dedelay d'Agier* ; *l'essai philosophique fur les mœurs de divers animaux étrangers*, qui ne s'occupe que des chevaux arabes, & plusieurs autres parmi les voyageurs; mais le temps à employer à cette lecture feroit immense, & je veux l'épargner à mes lecteurs, qui ne verroient fouvent que des projets chimériques ou impraticables, des détails étrangers à la France, & plus fouvent encore, une répétition de ce que contiennent les principales notices que j'ai données; ce feroit d'ailleurs groffir inutilement cette partie de mon ouvrage, & je me fuis peut-être déjà trop étendu dans quelques-unes.

CONCLUSION.

Si l'on compare ce qui a été écrit fur les haras depuis les Grecs & les Latins, jufques à M. *Bourgelat*, on verra que la plupart des écrivains intermédiaires ne parlent plus eux-mêmes ; ils fe contentent, le plus fouvent, de répéter ce qui a été dit avant eux, & s'en rapportent entièrement à l'autorité de leurs prédéceffeurs. On retrouve dans la plupart des écrits modernes, beaucoup plus nombreux, tout ce que *Tácquet, De la Noue, De Newcaflle, & Solleyfel*, ont dit fur cet objet de neuf ou d'après les premiers ; mais dans un autre ordre & avec un autre ftyle ; s'ils y ont ajouté, ce font fouvent des erreurs ou des préceptes vagues, qui pour la plupart ne font point fondés fur l'obfervation, ou ne peuvent convenir à notre climat. Et jufqu'ici l'on n'a fait aucun pas qui puiffe conduire à la connoiffance des points qu'il feroit indifpenfable de bien conftater, pour faifir les procédés généraux & particuliers de la nature, dans la production & dans la confervation de l'efpèce des chevaux. Ce n'eft cependant qu'au moyen d'un enfemble de faits acquis à force de recherches & d'obfervations répétées & réfléchies, qu'il fera poffible de déchirer le voile qui nous cache fa marche ; & cet enfemble ne peut être formé que de la réunion des remarques ifolées, éparfes dans les auteurs, ou faites par ceux qui font à la tête des haras.

Si mon ouvrage peut faire partie de ce point de vue, fi le fruit de mes obfervations particulières & de mes lectures, peut être utile à la multiplication des chevaux en France, je croirai mon plan rempli, & mes veilles fuffifamment récompenfées.

FIN.

www.ingramcontent.com/pod-product-compliance
Lightning Source LLC
LaVergne TN
LVHW010738060726
842527LV00002B/303